Luca Pacioli und der junge Herzog von Urbino, Guidobaldo da Montefeltro
Gemälde von Jacopo de'Barbari (?), um 1495, Nationalgalerie Neapel

OTTO HAGENMAIER

Der Goldene Schnitt

EIN HARMONIEGESETZ UND SEINE ANWENDUNG

MIT EINEM ANHANG ÜBER METROSOPHIE VON G. F. HARTLAUB

WELTBILD VERLAG

CIP-Kurztitelaufnahme der Deutschen Bibliothek

Hagenmaier, Otto:
Der goldene Schnitt : e. Harmoniegesetz u.
seine Anwendung / Otto Hagenmaier. Mit e. Anh.
über Metrosophie von G. F. Hartlaub. –
6. unveränderte Auflage. – Augsburg 1988
ISBN 3-926187-41-7

Die ersten fünf Auflagen dieses Buches erschienen unter gleichem Titel und der
ISBN 3-7879-0109-4 im Heinz Moos Verlag GmbH & Co KG, München.

Einbandgestaltung: Peter Engel, München
Printed in the Federal Republic of Germany

5 München, 6 1988 Augsburg

ISBN 3-926187-41-7

INHALT

VORWORT ZUR DRITTEN AUFLAGE

Die hiermit vorliegende dritte, erweiterte und verbesserte Auflage beweist das große Interesse an dem meinem Buch zugrundeliegenden Thema. Der Goldene Schnitt ist ein Maßsystem, an dem selbst der Zeiten Lauf nichts änderte. Er gilt heute wie vor 2000 Jahren. Er ist keine Geheimlehre, sondern ein Werkzeug, dessen sich jeder schöpferisch Gestaltende leicht bedienen kann.
Für diese Auflage gilt mein besonderer Dank Herrn Prof. Dr. G. F. Hartlaub, Heidelberg, der durch seinen als Anhang abgedruckten Beitrag über »Metrosophie« dem Buch eine wesentliche Bereicherung zuteil werden ließ. Ebenso möchte ich den Herren Dipl.-Ing. Führer und Dipl.-Ing. Portmann für kritische Durchsicht und Ergänzungen auf das beste danken. Ich wünsche dem nun in größerem Format und erweitertem Unfang vorliegenden, mit weiteren Abbildungen versehenen Buch eine ebenso gute Aufnahme wie den vorausgegangenen Auflagen.

Neu-Ulm im Mai 1963

VORWORT ZUR VIERTEN AUFLAGE

Nachdem die vorausgegangenen Auflagen dieses Buches im In- und Ausland guten Anklang fanden, freue ich mich, daß »Der Goldene Schnitt« wieder neu aufgelegt wird. Ich hoffe, daß auch diese Auflage den Weg zu jenen finden wird, die Schönes und Zweckmäßiges in idealen Maßverhältnissen schaffen wollen.

Neu-Ulm im September 1977 — Otto Hagenmaier

VORWORT ZUR FÜNFTEN AUFLAGE

Otto Hagenmaier beschäftigte sich privat, wie auch als Designer und Druckereibesitzer ein Leben lang mit den Harmoniegesetzen in „Theorie und Praxis".
Sein Buch, das erstmals 1963 bei uns erschien, gehört zu den Gründungsbüchern des Verlags. Leider verstarb der Verfasser am 25. September 1979, so daß das Vorwort zu dieser Auflage in dankbarer Erinnerung vom Verlag dem Buch vorangestellt werden mußte.

Gräfelfing im Juni 1983 — Heinz Moos

Diejenigen, welche an der Praxis ohne Wissenschaft Gefallen finden, sind wie Schiffer, die ohne Steuer und Kompaß fahren, sie sind nie sicher, wohin die Fahrt geht. Die Praxis muß immer auf guter Theorie beruhen. *Leonardo da Vinci*

EINLEITUNG

Im Reich der Materie, der faßbaren Wirklichkeit, sind wir neben verläßlichen, exakten Meßgrößen, wie Maßen, Gewichten und anderen Dimensionen, mit deren Hilfe wir messen, wägen und genaue Feststellungen treffen können, auch auf gefühlsmäßige Beurteilungen und Aussagen angewiesen, die uns aber durch Gesetzmäßigkeiten der Harmonie und der Proportion erleichtert werden, wie in Baukunst, Plastik, Malerei, Musik und anderen Disziplinen nachzuweisen ist.
Wohin wir uns wenden, überall spüren wir diese Harmonie, sei es in Form, Farben, Maßverhältnissen usw., beispielsweise die regelmäßige Form der Kristalle oder der innere und äußere Bau von Pflanzen und Tieren. Bei diesen Betrachtungen wird jedem klar, daß all dem verborgene Gesetze zugrunde liegen müssen, die unserem Gefühl entsprechen und alle Dinge, die nach diesen Gesetzen geschaffen wurden und werden, harmonisch wirken lassen.
Wie in der Musik zum Schaffen harmonischer Kompositionen die Kenntnis der großen und schweren Wissenschaft des Kontrapunktes und der Harmonielehre notwendig ist, so ist auch für das eigenschöpferische Wirken eine Kenntnis der Harmoniegesetze notwendig. Im Goldenen Schnitt ist uns ein Gesetz gegeben, das zu allen Zeiten Anwendung gefunden hat und heute noch gilt.
Wenn dieser Abhandlung Leonardos da Vinci Worte über die Theorie vorangestellt wurden, so möchte dies keineswegs dahingehend miß-

verstanden werden, daß die Theorie unbedingt der Praxis vorangehen muß, denn wer mehr weiß als er kann, kommt nicht immer zum Ziel. Wer beispielsweise ein Bild entwerfen will, kann dies nicht zuvor theoretischen Büchern entnehmen er würde selbstverständlich auf den falschen Weg geraten und vielleicht sehr bald allen Mut verlieren, weil er seine Erwartungen zu hoch geschraubt hat. Deshalb möge ruhig mit der Praxis begonnen werden, die theoretischen Fragen drängen sich in der Folge ganz von selbst auf. Bei fortschreitender Entwicklung werden sich dann die Ansprüche steigern und immer mehr theoretisches Wissen erforderlich machen. Mancher Schaffende wird dann oft nach langem Hin und Her ratlos dastehen und froh sein, wenn er auf ein theoretisches Fundament zurückgreifen und sein Wissen zu Rate ziehen kann.

Der eine oder andere wird darauf erwidern: Diese Dinge sind Gefühlssache und können nicht gelernt werden. Dem kann nur entgegnet werden, daß unseren großen Meistern Genie und hochentwickeltes Gefühl bestimmt nicht abgesprochen werden kann, daß sie aber doch vielfach nach theoretischen Gesetzen gearbeitet und damit Werke unvergänglicher Schönheit geschaffen haben. Die Inspiration wird durch theoretisches Wissen ebensowenig ersetzt wie eingeschränkt; es läßt der Verwirklichung eigener Ideen weitesten Spielraum. Die Harmoniegesetze vermögen in vielen Fällen zu Lösungen anzuregen, die vielleicht sonst nicht zustande gekommen wären, sollen aber nicht dazu verleiten, ausschließlich danach zu arbeiten und nicht auch nach anderen guten Lösungen zu suchen.

Es ist daher keineswegs die Absicht des Verfassers, bequeme Schulregeln aufzustellen oder Rezepte zu vermitteln, die gedankenlos übernommen werden können. Es sollen damit vielmehr Anregungen zu eigenen Versuchen und Untersuchungen gegeben werden. Der Schaffende kann dann, je nachdem wie stark sein Gefühl in Fragen der Harmonie entwickelt ist, selbst entscheiden, ob er dieses Harmoniegesetz anwenden will oder ob er darauf verzichten kann. Auf jeden Fall ist aber für ihn wichtig, daß er es kennt, denn was hier erklärt wird, ist allen Zeiten und Richtungen gemeinsam und keineswegs etwas Neues.

Eine ordnende Urkraft wallet von Anbeginn.
Allen Werdens Ursache ist sie
Ohne Wandel, ohne Unterlaß, ohne Trug der Sinne
Selbst sich Urgrund, ewig gleich ist sie,
Allgültigen Werdegangs Urtrieb,
Urform des Lebens. *Lao Tse*

DAS GEHEIMNIS DER PROPORTION

Das Problem der Proportionen und Zahlenverhältnisse spielt seit jeher – und nicht allein in der Kunst – eine bedeutende Rolle. Unermüdlich hat Dürer nach dem Schlüssel gesucht, der ihm das Geheimnis der Proportion offenbaren sollte. Wenn er Euklid, Alberti und Piero della Francesca immer wieder studierte und Jacopo de' Barbari um Preisgabe der italienischen Werkstattgeheimnisse anging, so suchte er nicht das Rezept, sondern er wollte in den Besitz dieses zauberischen Schlüssels kommen, nach welchem die antiken Meisterwerke geschaffen wurden, denn er war bereits der Ansicht: »Ohn rechte Proportion kan ye kein Bild vollkommen seyn«.
Selbstverständlich können bei der Festlegung von Proportionen nicht in jedem Falle allein geschmackliche Gesichtspunkte bestimmend sein, vor allem nicht bei Gebrauchsgegenständen; hierbei wird die Zweckbestimmung oft erheblichen Einfluß haben. Proportionen werden also vielfach durch den Gebrauchszweck, durch das Material, durch Anpassung an Vorhandenes bestimmt. Die Maße haben also gewissen praktischen Forderungen Rechnung zu tragen, jedoch auch dann wird man bis zu einem gewissen Grad vermitteln können. In den Fällen aber, in denen freie Hand gegeben ist, muß in erster Linie durch eine wohlgefällige Proportion ein harmonischer Gesamteindruck angestrebt werden, denn der schönste Schmuck und das wertvollste Material können den Mangel an guter Proportion nicht ausgleichen oder gar ersetzen.

Wie wesentlich sich das Verhältnis von Breite zu Höhe auswirkt und welche besondere Bedeutung ihm zukommt, können wir an Hand der später besprochenen Beispiele leicht selbst feststellen. Angenommen, es soll ein Bildformat festgelegt werden (wobei unter Format nicht die absolute Bildgröße in cm oder m, sondern das Seitenverhältnis Breite : Höhe gemeint ist).
Zunächst wird zu entscheiden sein, welche Form in Frage kommt: ein Quadrat, ein Rechteck im Hoch- oder Querformat, ein Kreis oder ein Oval.
Dabei ist augenscheinlich, daß das Quadrat mit seinen gleich langen Seiten nicht immer befriedigt, es erscheint plump. Hier spielt bereits eine optische Täuschung mit, die das mathematisch genaue Quadrat immer etwas höher als breit erscheinen läßt, die senkrechte Ausdehnung wird also überschätzt. Weit mehr befriedigt das optische Quadrat, das ein wenig breiter als hoch ist, uns aber wie ein genaues Quadrat erscheint.

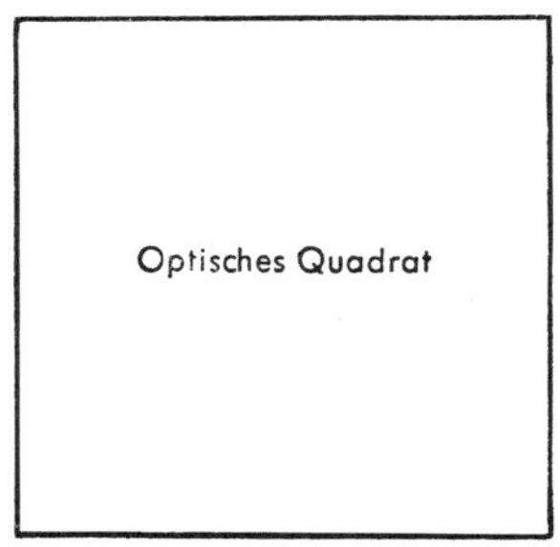

Weitaus gefälliger als das Quadrat erscheint uns aber das Rechteck. Die Beispiele zeigen, wie verschieden das Seitenverhältnis sein kann, und beweisen zugleich, daß bestimmte Proportionen mit Abstand gefälliger sind als gewisse andere. Vor allem erscheint das Rechteck weniger befriedigend für das Auge, je mehr es sich dem Quadrat nähert. Dabei wird das im Verhältnis des Goldenen Schnittes gehaltene Rechteck bei den meisten Wohlgefallen auszulösen vermögen. Der Philosoph G. Th. Fechner ist nach eingehenden Untersuchungen und Experimenten zu dem Ergebnis gekommen, daß ein Quadrat wenig wohlgefällig sei, dagegen dasjenige Rechteck, dessen kurze und lange Seiten zueinander im Verhältnis des Goldenen Schnittes stehen, mehr Anklang finden wird, ganz abgesehen davon, ob es als Bild gedacht, an irgendeinem Gegenstand angewendet ist oder einem sonstigen Zweck dient. Vor allem war sein 1876 durchgeführter Versuch sehr aufschlußreich, bei dem sich der größte Teil der Versuchspersonen für das Rechteck im Goldenen Schnitt entschieden hat. Unter den zehn zur Wahl gestellten Rechtecken befand sich ein solches im Verhältnis des Goldenen Schnittes von 21 : 34 neben Rechtecken mit angenäherten Goldenen-Schnitt-

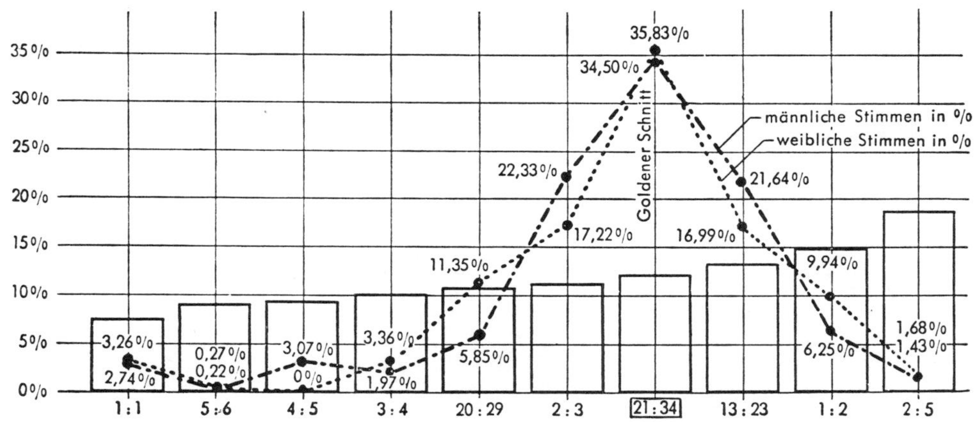

Psychologische Untersuchung von Fechner zur Feststellung des »schönsten Rechtecks« 1876
Aus Neufert »Bauordnungslehre«[11]

Verhältnissen. Das Versuchsresultat spricht also sehr für die Allgemeingültigkeit des Goldenen Schnittes als Proportion der Schönheit.
Damit soll aber nicht behauptet werden, daß allein mit dem im Verhältnis des Goldenen Schnittes gehaltenen Rechteck sämtliche Aufgaben gelöst werden können. Es gibt Fälle, wo bewußt davon abgewichen oder dieses Verhältnis nur annähernd angewendet wird, und das Ergebnis doch voll befriedigt. Fest steht jedoch, daß es kaum einmal so mißfallen kann, wie vielleicht ein allzu schlankes oder stark gedrücktes Rechteck.
Für besondere Fälle ist es absolut möglich, daß außer dem Verhältnis des Goldenen Schnittes (annähernd 3 : 5 oder 5 : 8) auch andere wohlgefällige Proportionen wie 1 : 2 oder 2 : 3 oder 3 : 4 oder 4 : 5 oder für

einen ganz besonderen Zweck auch 5 : 6 möglich sind. Wird aber der Unterschied der Seitenlängen noch geringer gehalten, so nähert sich das Rechteck zu sehr dem Quadrat und erscheint, wie erwähnt, plump.
Eine Sonderstellung der Rechteckformen ist das DIN-Format, welches kein Goldenes-Schnitt-Verhältnis darstellt. Sinn dieses speziellen Seitenverhältnisses war kein optisches Proportionsproblem, Ausgangsbasis war vielmehr die kontinuierliche Halbierungsmöglichkeit bei immer gleichen Seitenverhältnissen.

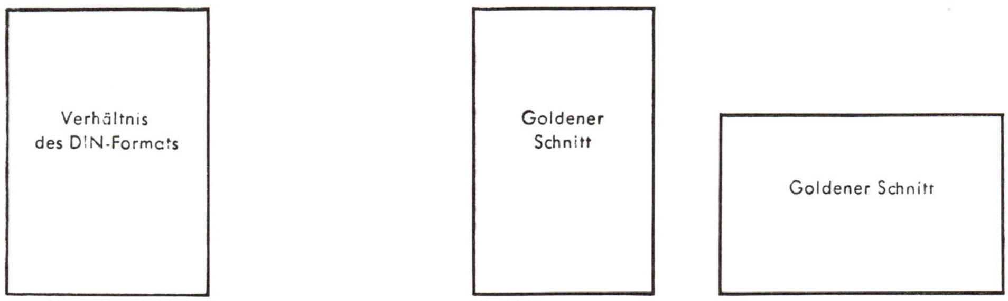

Diese Möglichkeit ergibt sich bei dem Seitenverhältnis von:

$$1 : \sqrt{2} = \text{Basis} : \text{Diagonale (im Quadrat)}$$

Durch ein Reihungsprinzip läßt sich die bekannte DIN-Formatreihe entwickeln, welche einen wesentlichen Vorteil für den gesamten Schriftwechsel, Normungsmöglichkeiten für Zeichenpapier und die gesamte Registratur bietet (siehe Seite 13 oben).

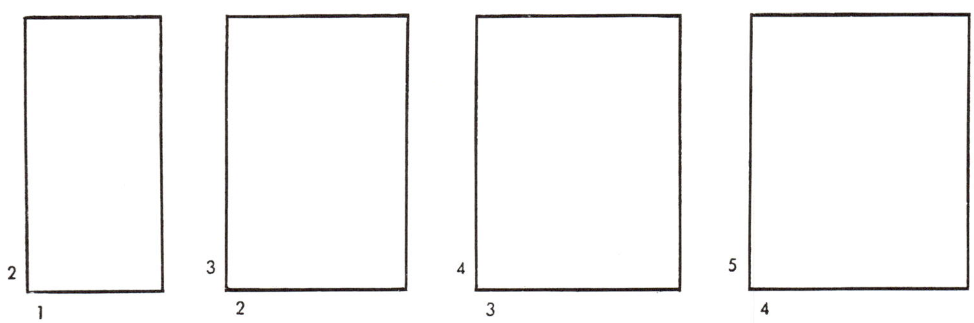

Verschiedene Rechteckformate, deren Proportionen für besondere Zwecke möglich sein können

Herr Dr. Porstmann ging bei seinen Überlegungen von der Fläche = 1 m^2, geteilt im obenerwähnten Verhältnis, aus: er kam somit zu AO mit den Seitenmaßen von 841 x 1189 mm.

Die kontinuierliche Halbierungsreihe der DIN-Formatnormung lautet:

A 1 = $^1/_2$ m^2 = 594 x 841 mm
A 2 = $^1/_4$ m^2 = 420 x 594 mm
A 3 = $^1/_8$ m^2 = 297 x 420 mm = Doppelbogen
A 4 = $^1/_{16}$ m^2 = 210 x 297 mm = Briefbogen
A 5 = $^1/_{32}$ m^2 = 148 x 210 mm = halber Briefbogen
A 6 = $^1/_{64}$ m^2 = 105 x 148 mm = Postkarte

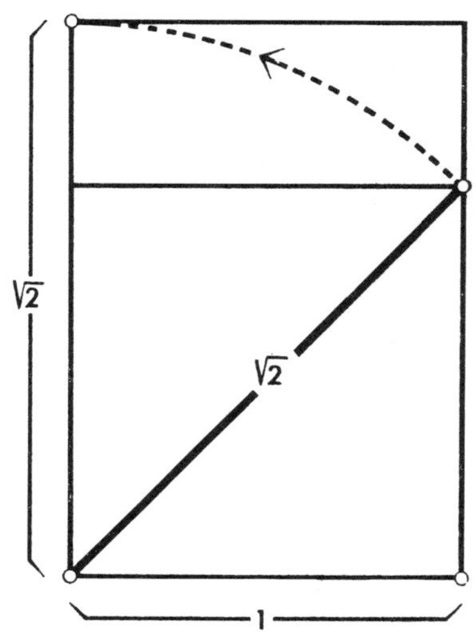

Konstruktion des Rechtecks im DIN-Format
Aus Neufert »Bauordnungslehre«[11]

Die Proportionsverhältnisse am Kreis und Oval sind ähnlich denen des Rechtecks. Der Kreis mit seinem Verhältnis 1:1 wird zwar fast immer als angenehm empfunden, ob er nun groß oder klein gehalten ist, selbst auch dann, wenn sich Kreise überschneiden oder aneinandergereiht sind. Beim Oval jedoch gilt das vom Rechteck Gesagte. Das Oval und die Ellipse sind nur dann gefällig, wenn sie dem Kreis nicht zu sehr ähnlich sind, also nicht zu rund erscheinen; aber auch im gegenteiligen Fall, wenn die Ellipse zu stark gestreckt ist, ergibt sich kein wohltuender Eindruck.

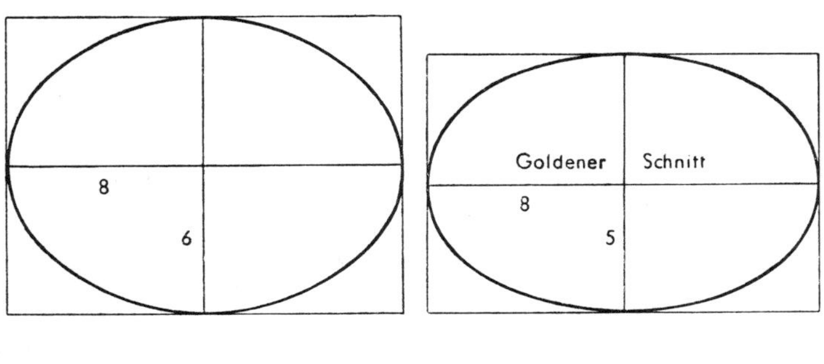

Verschiedene Ellipsenformen, bei denen die Achsenlängen bestimmten Verhältnissen entsprechen

Wählt man für die Achsenlänge das Verhältnis des Goldenen Schnittes, zum Beispiel mit 5 : 8, so ergibt sich eine ziemlich gestreckte Form, die im Querformat (siehe Seite 13 unten) gefälliger erscheint als im Hochformat. Hier wird man im allgemeinen die Querachse etwas länger annehmen, etwa 6 : 8, und erhält dann eine vielfältig anwendbare Form. Doch kann kein Proportionsschlüssel das intuitive Empfinden des Künstlers ersetzen.
Das Spiel von Licht und Schatten, Harmonie der Farbe, Zuordnung spannungsreicher Flächen, Stimmungen und Aussagen durch Kunstwerke, welche auf das Unterbewußtsein wirken, können nur Ergebnis individueller künstlerischer Begabung sein.
Jede Proportionsregel ist weiter nichts als ein Hilfsmittel für den Künstler, ihn in der Vielfalt seiner schöpferischen Aussage zu leiten und diese zu überprüfen.

Wenn daher die Natur den Körper des Menschen so gebildet hat, daß die Glieder seiner ganzen Gestalt in bestimmten Verhältnissen entsprechen, so scheinen die Alten mit Grund es so festgesetzt zu haben, daß sie auch bei Ausführung von Bauwerken ein genaues Maßverhältnis der einzelnen Glieder zu der ganzen äußeren Gestalt beobachten.
Vitruv

HISTORISCHER RÜCKBLICK

Die frühesten Wandgemälde, Verzierungen von Schmuckgegenständen, welche regelmäßige Polygone als Grundlagen haben, finden wir schon an altägyptischen Bauwerken.
Bis zur 18. Dynastie handelt es sich ausschließlich um Vierteilungen des Kreises in Form von Vier- und Achteckpolygonen. Nachher wird die Sechseckteilung immer häufiger, welche sehr wahrscheinlich durch Handel und Kulturaustausch mit Babylon im Land der Pharaonen bekannt wurde.
Doch kann in beiden Kulturkreisen auch die Fünfeckteilung nicht unbekannt gewesen sein, wie ein in Assyrien gefundenes zehnseitiges Prisma und fünfeckige Sterne auf ägyptischen Abbildungen zeigen.
Weitere Figuren in Fünfeckteilung an Bauwerken und Gebrauchsgegenständen sind auch aus anderen Kulturkreisen bekannt.
Das Pentagramm ist jedenfalls den Etruskern eine vertraute Figur, wie eine Vase aus dem 6. Jahrhundert vor Christus mit Verzierungen in Fünfeckteilung, gefunden in Süditalien, beweist.
Doch auch Funde aus der mykenischen Periode enthalten Kunstgegenstände, welche die Kenntnis des Pentagramms voraussetzen, wenn auch nicht auf exakt-theoretischen Grundlagen.
Ferner gibt es in Zentraleuropa weitere Belege für die Anwendung des Pentagramms in mystischem wie optisch-proportionalem Zusammenhang.

Der Drudenfuß, Schutzzeichen gegen Druden und Hexen im altgermanischen Volksglauben, ist ebenfalls eine Fünfeckteilung, genau wie die Eingravierungen auf Münzzeichen altgallischer Fürsten.
Eine exakte Definition des Pentagramms gelang erst in der griechischen Mathematik, hier besonders in der pythagoreischen Schule im 6. und 5. Jahrhundert vor Christus.

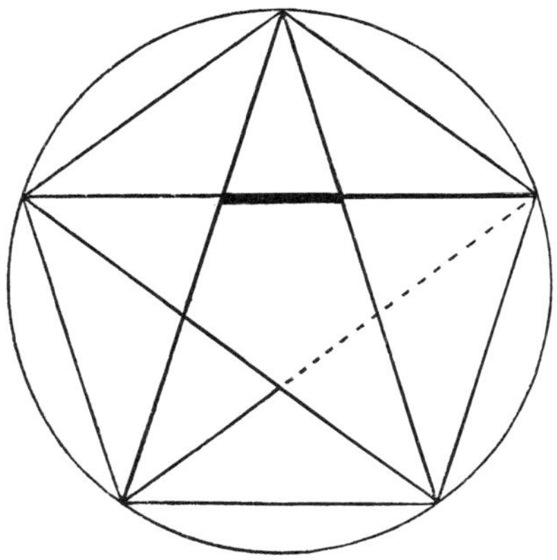

Pentagramm oder auch Sternfünfeck. Die Pentagrammseiten teilen sich »stetig« im Goldenen Schnitt: die fette Strecke verhält sich zur halbfetten wie diese zur punktierten, also zur Summe der beiden ersten; die halbfette zur punktierten wie diese zur ganzen Diagonale

Wann und durch wen die exakte Konstruktion der Fünfeckteilung in der klassischen griechischen Mathematik und der damit zusammenhängenden stetigen Teilung gelang, ist nicht mit Bestimmtheit nachzuweisen.
Wir wissen aber, daß der pythagoreische Bund das Pentagramm als Geheimzeichen führte und sich sehr wahrscheinlich intensiv mit der Konstruktion des Fünfecks beschäftigte.
Euklid (um 300 vor Christus) beschreibt im II. Buch 11. Satz seiner »Elemente« die geometrische Konstruktion der stetigen Teilung in Flächensatzform und im IV. Buch 11. Satz die exakte Konstruktion des Pentagramms. Da in seinen Büchern die Forschungen der pythagoreischen Schule historisch getreu wiedergegeben sind, dürfte die exakte Definition der stetigen Teilung dieser Zeit zugeschrieben werden.
Eudemos, der erste Geschichtsschreiber der Mathematik, weist nach, daß Eudoxos von Knidos das weitergeführt habe, was Platon über den »Schnitt« begonnen hat.

Platon, wahrscheinlich der erste, der mit der stetigen Teilung Proportionsbetrachtungen verband und im »Timaios« auf das Wesen der Proportionsverhältnisse einging, schrieb dort, im Kapitel VII:

»Daß zwei Dinge sich auf eine schöne Art vereinigen ohne ein drittes, ist unmöglich. Denn es muß ein Band zwischen ihnen entstehen, das sie vereinigt. Das kann die Proportion am besten vollbringen. Denn wenn von irgend drei Zahlen die mittlere sich zu der kleinsten verhält, wie die größte zu der mittleren selbst und umgekehrt, die kleinste zu der mittleren wie die mittlere zur größten, dann wird das Letzte und Erste das Mittlere und das Mittlere Erstes und Letztes, alles wird also mit Notwendigkeit dasselbe, und da es dasselbe wird, bildet es ein Einziges.«

Hypsikles (190 vor Christus) ergänzt in der als 14. Buch der Euklidischen Elemente bezeichneten Schrift über die stetige Teilung die Definition der pythagoreischen Schule.
Eine andere Fünfeckkonstruktion, welche zugleich die Zehneckkonstruktion, die Euklid in seinen Elementen nicht beschrieben hat, mit einbeschließt, benutzte Ptolemäus (125 bis 151 nach Christus).
Die heute allgemein übliche geometrische Konstruktion stammt von dem Alexandriner Heron (100 vor Christus), wie der arabische Mathematiker Annairizi (um 900 nach Christus) berichtet.
Die euklidsche Definition »Nach dem äußeren und mittleren Verhältnis zerschneiden« erwähnt Gerhard von Cremona (um 1114 bis 1187 nach Christus), welche Campanos von Novara (2. Hälfte des 13. Jahrhunderts) als eine bewunderungswürdige geometrische Leistung und ein unentbehrliches Hilfsmittel zur Konstruktion regelmäßiger Körper darstellt.
Doch nirgends, weder in der Antike noch im Mittelalter, gibt es den Ausdruck »sectio aurea« (Goldener Schnitt).
Luca Pacioli (um 1445 bis 1514) gab einer Schrift über die stetige Teilung den Titel »De Divina Proportione« (1509).
Kepler (1571 bis 1630) verwendet in seinen Betrachtungen über die proportionale Reihe die Bezeichnung »sectio divina«.
Die heute allgemein übliche Bezeichnung »Goldener Schnitt« stammt sehr wahrscheinlich aus dem 19. Jahrhundert, aus der Verbindung des

mittelalterlichen »regula aurea« (Regeldetrie) und der Keplerschen Bezeichnung »sectio divina«.
Diese Proportionsbeziehungen wurden in unserem Jahrhundert besonders durch den französischen Architekten Le Corbusier weitergeführt zur Entwicklung des Modulors, einer kontinuierlichen Proportionsreihe in Goldenen-Schnitt-Verhältnissen (siehe Seite 47).

Die Geometrie ist vor Erschaffung der Dinge gleich ewig wie der Geist Gottes.
Sie ist Gott selbst und hat ihm die Urbilder geliefert für die Erschaffung der Welt.
In den Menschen aber, Gottes Ebenbild, ist die Geometrie übergegangen, nicht erst durch die Augen wird sie aufgenommen. *Johannes Kepler*

MASSVERHÄLTNISSE IN DER NATUR

Der bekannte Naturforscher und Philosoph Raoul Heinrich Francé bezeichnet den Goldenen Schnitt als biologisches Format und sieht in der Harmonie den letzten Zustand, das höchste Ziel aller Entwicklung und faßt dies in folgendem Wort zusammen: »Harmonie ist das biologische Endstreben«. Er hat erkannt, daß nicht nur jedem Lebewesen und jeder Pflanze eine bestimmte Funktion zugedacht ist, sondern auch harmonische wohlproportionierte Form angestrebt wird.
In der Tat wird man durch Messungen in der Natur erstaunlich oft die Verhältnisse des Goldenen Schnittes antreffen, wobei aber keineswegs bestritten werden soll, daß manches organische Gebilde oder Wesen wenig oder überhaupt keine Beziehung zur Goldenen Reihe zeigt. Es wäre also zu weit gegangen, den Goldenen Schnitt als Naturnorm zu erklären. Fest steht aber, daß da, wo uns eines ihrer Werke infolge der Schönheit ihrer Form oder harmonischer Maßverhältnisse besonders befriedigt oder erfreut, meist die Verhältnisse des Goldenen Schnittes nachweisbar sind.
So sind die Gebilde der Schneekristalle – um ein bekanntes Beispiel eines Kristalls zu nennen – streng geometrisch geordnet und bilden in ihrer Grundform einen sechsstrahligen Stern. Diesen Stern finden wir in jeder der vielen Spielarten der Kristalle wieder. Daß dabei ungleiche Strecken häufig im Verhältnis des Goldenen Schnittes stehen, dürfte für unsere weiteren Betrachtungen wissenswert sein. Auch Pyrit, das Eisen-

erz Schwefelkies, kristallisiert in einem nicht ganz regelmäßigen Pentagondodekaeder, einem von zwölf Fünfecken begrenzten Zwölfflach.
Sehr oft läßt sich an Blättern und Blüten das Maßverhältnis des Goldenen Schnittes nachweisen, so beim Blatt des Goldregens, der Alpengänsedistel, der Maiblume usw. Das Schneeglöckchen ordnet seine Blütenblätter im gleichseitigen Dreieck an, während uns die Blüten der verschiedenen Lilienarten das zum Sechsstern verdoppelte gleichseitige Dreieck zeigen. Außerdem dürfte bekannt sein, daß die Bienenwabe aus vielen nebeneinander gefügten reinen Sechsecken gebildet wird.

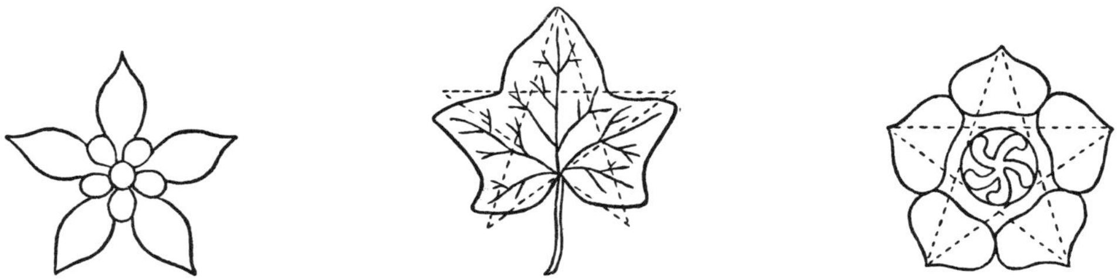

Akeleiblüte — Efeublatt — Glockenblume

Pentagramm oder Sternfünfeck — Seestern — Heckenrose

Proportionsverhältnis bei Pflanzen und Meerestieren

Auch das Quadrat läßt sich als Grundform vielfach in der Natur nachweisen: so treffen wir es in der Verdoppelung als Achtstern bei den Kreuzblütlern, bei Männertreu und Wiesenschaumkraut, und als Achteck in seltener Regelmäßigkeit bei der Einbeere, einem staudigen Liliengewächs. Dagegen bildet die ungefüllte Blüte der Dahlie einen achtstrahligen Stern.
Noch häufiger begegnet uns aber das Fünfeck und das Sternfünfeck oder Pentagramm, eine Figur, der Jahrtausende hindurch geheimnisvolle Bedeutung beigemessen wurde.

In der Pflanzenwelt treffen wir diese Form am klarsten in der Akeleiblüte, in der Tierwelt beim Seestern an. Zahlreiche andere Blüten, wie die Glockenblume, die Nelke, die Heckenrose, die Lindenblüte, der Phlox und andere zeigen diese Grundform, ebenso wie verschiedene Blätter, etwa das Himbeerblatt. Ziehen wir beispielsweise die Pentagrammform über ein Efeublatt, so stellen wir bei aller Unregelmäßigkeit, die dieses Blatt sonst aufweist, fest, daß die Grundverwandtschaft mit der Fünfecksform besteht. Es scheint, als bemühe sich die Natur, der idealen mathematischen Grundform so nahe wie möglich zu kommen. Die Abbildungen verdeutlichen dies.

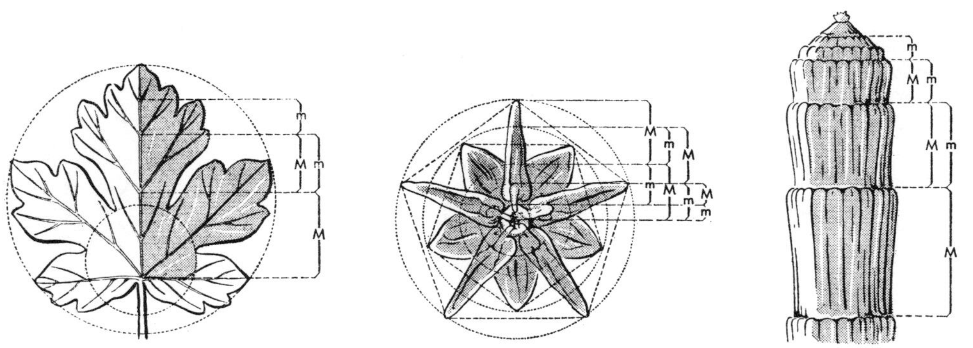

Goldene-Schnitt-Proportionen bei Pflanzen, von links Hahnenfuß, Seidenpflanze, Schachtelhalm
Aus Neufert »Bauordnungslehre«[11]

Gerade der Fünfstern, also das bereits erwähnte Pentagramm, hat für unsere weiteren Betrachtungen besondere Bedeutung, teilen sich doch die Pentagrammseiten »stetig« im Goldenen Schnitt, dem wir in der Natur auch beim Wachstum der Pflanze, bei einem edel gebauten menschlichen Körper oder den Abmessungen eines Pferdekörpers begegnen. So führt das stetig fortschreitende Wachstum der Pflanze, wie es der kleine Pappelzweig zeigt, häufig zu einer stetigen Teilung, wenn auch das ungeschulte Auge oft keine Regel erkennen kann. Die Strekken zwischen den einzelnen Knotenpunkten stehen sehr schön im »Goldenen Verhältnis«, das auch bei weiterem Längenwachstum beibehalten wird (siehe auch Seite 74).

Sehr oft können wir bei einfachen Blättern feststellen, daß die Breite des Blattes im Verhältnis von 5 : 8 oder 3 : 8 zur Länge steht. Dies ist zum Beispiel beim Eichenblatt der Fall, bei dem Breite und Höhe zueinander im Verhältnis von 5 : 8 stehen, und bei dem außerdem die Querachse die Längsachse ebenfalls im Sinne des Goldenen Schnittes teilt, wobei der obere Teil zu dem unteren im Verhältnis von 3 : 5 steht. Zu einem bemerkenswerten Resultat haben die Messungen von Rudolf Engel-Hardt an 500 normalen Eichenblättern von über 60 verschiedenen Bäumen geführt. Die Messungen bezüglich der Proportionen der Längsachse zur Querachse haben dabei folgendes Ergebnis gezeitigt:

Von 500 normalen Eichenblättern entsprachen:

235 genau den Proportionen des Goldenen Schnittes,
93 zeigten Abweichungen von 1 mm,
92 zeigten Abweichungen von 2 mm,
30 zeigten Abweichungen von 3 mm,
50 zeigten Abweichungen von 4 mm.

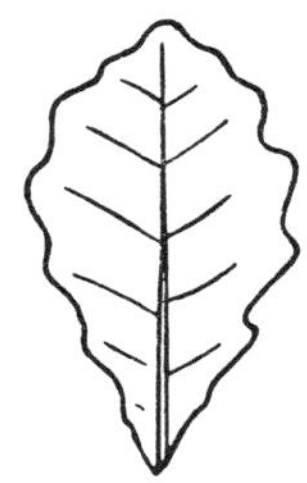

Goldene-Schnitt-Proportion des Eichenblattes

Wenn dabei von »normalen« Eichenblättern die Rede ist, so sind damit solche gemeint, die von Eichen stammten, die in ihrem natürlichen Wachstum wenig behindert, das heißt von freistehenden oder jungen Eichen abgenommen waren, denn es ist selbstverständlich, daß in der Natur die äußeren Einflüsse, wie Wind, Schatten, enges Nebeneinanderstehen der Bäume usw., das normale, ungehinderte Wachstum auch in dieser Hinsicht wesentlich beeinflussen.
Ein aufschlußreiches Buch, das der Naturforscher A. Zeising veröffentlichte, beschäftigt sich mit dem Proportionsverhältnis, das die Größenverhältnisse im Wachstum und Aufbau der Menschen, Tiere und Pflanzen beherrscht. Wir haben bereits an wenigen Beispielen der Formverhältnisse in der Natur erkennen können, daß ihr der Mensch die dort herrschenden Verhältnisse abgelauscht und den Schlüssel für sie im Pentagramm gefunden hat (siehe Seite 24).

Albrecht Dürer, der sich mit den »Schlüsselfiguren«, dem Dreieck, dem Quadrat, dem Fünfeck und ihren Maßverhältnissen in seiner »Proportionslehre« auseinandergesetzt hat, spricht am Ende des 3. Buches (1528) von der Kunst in der Natur (siehe Seite 73):
»Aber das Leben in der Natur gibt zu erkennen die Wahrheit dieser Ding. Darum sich (sieh) sie fleißig an, richt dich darnach und geh nit von der Natur in dein Gutgedunken, daß du wöllest meinen das Besser von dir selbs zu finden; dann du wirdest verführt. Dann wahrhafftig steckt die Kunst in der Natur, wer sie heraus kann reißen, der hat sie. Überkommst du sie, so wirdet sie dir viel Fehls nehmen in deinem Werk. Und durch die Geometria magst du deins Werks viel beweisen... Darum nimm dir nimmermehr für, daß du Etwas besser mügst oder wollest machen, dann es Gott seiner erschaffnen Natur zu würken Kraft geben hat. Dann dein Vermügen ist kraftlos gegen Gottes Geschöff...«
Auch der französische Bildhauer Auguste Rodin schrieb einmal von den Beziehungen der Natur zur Kunst:
»... Und die Blumen haben die Kathedralen geschaffen ... Die Kathedrale ist im Ebenbild der lebenden Körper erbaut. Ihre Proportion, ihre Gleichgewichtsbeziehungen entsprechen genau der Ordnung in der Natur.«
Nun gibt es aber außer den einfachen Grundformen des gleichseitigen Dreiecks und des Sechssterns, des Quadrats und des Achtsterns oder »Achtorts«, des Fünfsterns und des ihm verwandten »Goldenen Sechsecks« auch noch andere, kompliziertere. Die hier genannten einfachen Vieleckformen mit ihren Maßverhältnissen sind jedoch die schönsten, die uns in der Natur begegnen.
Es kann wohl mit Recht gesagt werden, daß die in der Natur herrschenden Verhältnisse des gleichseitigen Dreiecks, des Quadrates, des gleichseitigen Fünfecks und des Goldenen Schnittes den Menschen von jeher vertraut gewesen und von ihnen als naturgemäß und wohlgefällig und daher als schön empfunden worden sind. Die Kunst benutzt also die Formen, welche ihr die Natur bietet, sie durchdringt sie dann mit eigenem Geistesleben, so daß diese zu leben, organisch zu sein scheinen, denn es ist nicht und kann nicht Aufgabe der Kunst sein, Formen aus dem Nichts zu erfinden, wohl aber ist es ihre Aufgabe, etwas Geistiges

in entsprechender Form darzustellen. Diese Form aber kann der Mensch allein dem Vorbild der Natur entlehnen, »denn wir haben«, wie Benvenuto Cellini sagt, »keinerlei andere Bücher, aus denen wir die Kunst lernen können, als die Natur«.

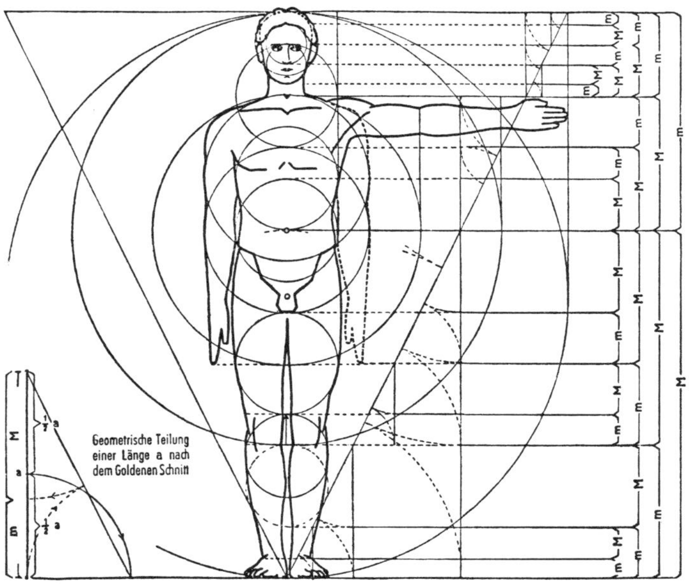

Maßverhältnisse des Menschen nach dem Goldenen Schnitt
Aus Neufert »Bauentwurfslehre«[10]

Schon vorher hatte Luca Pacioli, ein mathematisch hochgebildeter Franziskaner, in seinem Buch »De Divina Proportione« philosophische und ästhetische Betrachtungen über Proportionen angestellt und hierbei besonders auch die von ihm als göttlich angesehene stetige Teilung behandelt.

Pacioli glaubt nun, daß der wohlproportionierte Mensch als Ganzes wie in seinen Teilen nach dem Goldenen Schnitt gebaut ist.

Wie schon vorher erwähnt, haben neuere Untersuchungen von A. Zeising dies überzeugend bestätigt, und auch in heutiger Zeit wird von vielen Seiten darauf hingeweisen, daß der Mensch das Maß aller Dinge darstellt, die von ihm geschaffen werden, um wiederum Menschen zu dienen. Diese Dinge sollen so bemessen sein, daß sie den Körpermaßen entsprechen, also nicht nur schön, sondern vor allem zweckmäßig sind.

Raffael:
Die Sixtinische Madonna,
Staatliche Gemäldegalerie,
Dresden
Der Bildaufbau erfolgte
nach einem besonderen
Proportionsschema
(siehe auch Seite 82)

Es sollen nun die hauptsächlichen harmonischen Teilungen des menschlichen Körpers aufgeführt werden, welche auch beim Aktstudium von besonderem Nutzen sind. Teilt man die gesamte Höhe einer stehenden Gestalt so, daß der Minor oben, der Major unten angenommen ist, so

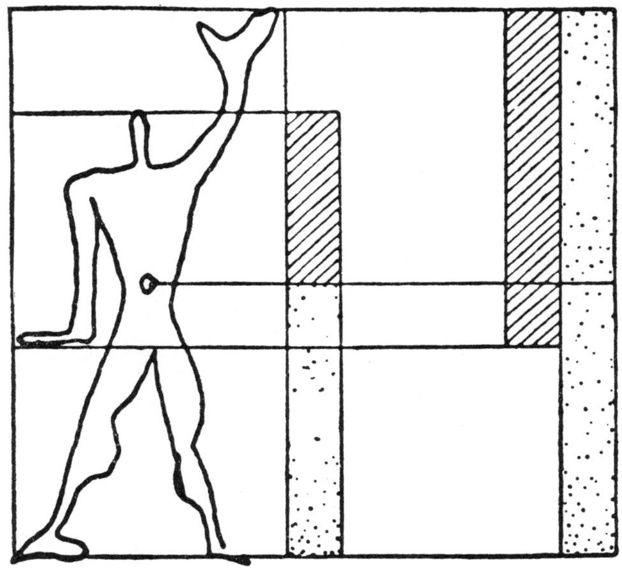

Der Mensch als Grundlage des Modulor von Le Corbusier
Aus Le Corbusier »Der Modulor«[3]

trifft die Teilung in den Nabel (Taille). Teilen wir den ebenso gefundenen Minor, also die Strecke vom Scheitel bis zum Nabel, abermals und wiederum so, daß der Minor oben liegt, so ergibt sich als neuer Minor die Kopfhöhe, als Major die Strecke vom Kinnansatz zum Nabel. Dabei ist allerdings zu sagen, daß der Teilungspunkt beim Mann fast immer mit dem Nabel zusammentrifft. Bei der Frau trifft dies seltener zu, da diese auf Grund ihrer physiologischen Aufgabe etwas anders gebaut ist als der Mann. Zerlegt man bei der Messung der ganzen Gestalt den Major nach oben, so trifft der Teilungspunkt in die Höhe der Fingerspitzen, bei herabhängenden Armen. Nimmt man die Entfernung vom Hüftgelenk zum Schultergelenk als Major an, so trifft der obere Endpunkt den Scheitel; wird diese Länge jedoch umgekehrt als Major angesehen, so trifft der untere Endpunkt in das Fußgelenk. Wir haben hier also eine dreifache Goldene Reihe.

Weiterhin ist noch auffallend: Ellenbogen bis Handgelenk bildet den Major zur ganzen Hand vom Handgelenk zur Mittelfingerspitze als Minor. Die Hand bildet eine dreifache Goldene Reihe: 1. Mittelhand, 2. oberes, 3. mittleres, 4. unteres Glied des Mittelfingers. Auch bei den übrigen Fingern läßt sich dieses Verhältnis feststellen. Die angefügte Nebeneinanderstellung gibt weitere Teilungen an, wobei besonders die Verhältnisse des Kopfes einen überraschend klaren Eindruck von der Harmonie dieser Proportion dem Suchenden übermitteln werden. Eigene Versuche und Messungen mit dem Goldenen Zirkel, am normal gebauten Körper vorgenommen, werden dies bestätigen.

		Major	*Minor*
Gestalt	1.	Nabel (Taille) bis Sohle	Scheitel bis Nabel
	2.	Scheitel bis Fingerspitze	Fingerspitze bis Sohle
	3.	Nabel bis Kinn	Kopfhöhe
	4.	Halsgrube bis Nabel	Nabel bis Schritt
	5.	Nabel bis zum gesenkten Spielbeinknie	Gesenktes Spielbeinknie bis Sohle
	6.	Schultergelenk bis Hüftgelenk	Schultergelenk bis Scheitel
	7.	Hüftgelenk bis Fußgelenk	Schultergelenk bis Hüftgelenk
	8.	Schulterbreite	Taillenbreite
Kopf	9.	Kopfhöhe	Kopfbreite
	10.	Augenbreite, das heißt Raum zwischen den äußeren Winkeln	Mundbreite
	11.	Brauen bis Kinn	Brauen bis Haaransatz
	12.	Brauen bis Mundspalte	Mundspalte bis Kinn
	13.	Nase	Raum zwischen Nase und Kinn
	14.	Mundspalte bis Kinn	Unterer Nasenrand bis Mundspalte
	15.	Kinnfurche bis unterer Rand	Kinnfurche bis Mundspalte
Hand	16.	Unterarm	Ganze Handlänge – Mittelfingerspitze
	17.	Mittelhandknochen	Oberes Fingerglied
	18.	Oberes Fingerglied	Mittleres Fingerglied
	19.	Mittleres Fingerglied	Unteres Fingerglied

Auch Le Corbusier bringt in seinem Werk »Der Modulor« denMenschen in engste Beziehung zum Goldenen Schnitt und formuliert dies wie folgt: »Der Modulor ist ein Maßwerkzeug, das von der menschlichen Gestalt und der Mathematik ausgeht. Ein Mensch mit erhobenem Arm

liefert in den Hauptpunkten der Raumverdrängung – Fuß, Solarplexus, Kopf, Fingerspitze des erhobenen Arms – drei Intervalle, die eine Reihe von Goldenen Schnitten ergeben, die man nach Fibonacci benennt. Die Mathematik andererseits bietet sowohl die einfachste wie die stärkste Variationsmöglichkeit eines Wertes: die Einheit, das Doppel, die beiden Goldenen Schnitte« (siehe Seite 27).
Er geht vom Menschen mit erhobenem Arm aus und hat das ideale Menschen-Maß:

Scheitelhöhe	183 cm
Nabelhöhe	113 cm
Fingerspitzen bei erhobenem Arm	226 cm

Diese Maßverhältnisse legt er seinem »Modulor« zugrunde, woraus sich eine Reihe von Goldenen Schnitten ergibt. Über diesen harmonischen Maßstab schreibt Einstein: »Es ist ein Maßsystem, das das Schlechte schwierig und das Gute leicht macht.« Die Abbildung der Modulorentwicklung verdeutlicht die neue Harmonik im menschlichen Maßstab.

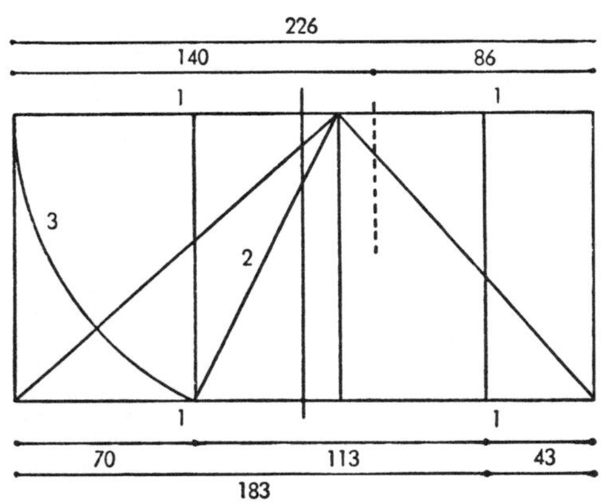

Die Modulorentwicklung, die neue Harmonik im menschlichen Maßstab

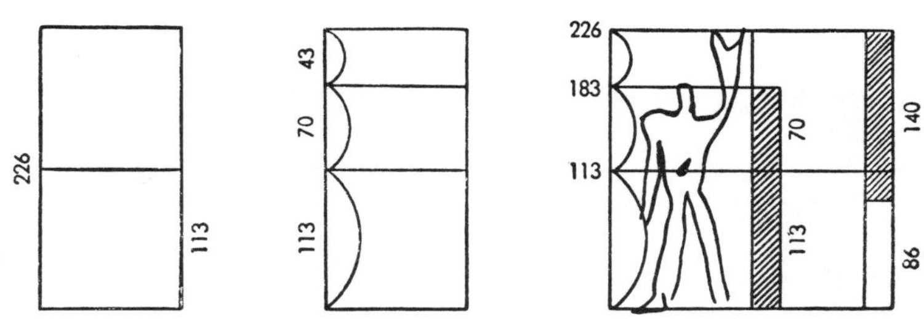

Aus Le Corbusier »Der Modulor«[3]

1. Die Darstellung liefert drei Maße, die den Regeln vom Goldenen Schnitt entsprechen:
   113, 70, 43 cm (43 + 70 = 113 oder 113 − 70 = 43).
   Addiert ergeben sie: 113 + 70 = 183; 113 + 70 + 43 = 226.
2. Die letzten drei Maße (113, 183, 226) entsprechen dem Raum, den ein Mann von 183 cm Größe einnimmt.
3. Aus der Anwendung der Regel vom Goldenen Schnitt auf das Maß 113 ergibt sich 70:43. So entsteht die erste Reihe, die »Série rouge« (rote Reihe): 4, 6, 10, 16, 27, 43, 70, 113, 183 usw.
4. Aus der Anwendung der Regel vom Goldenen Schnitt auf das Maß 226 (2·113) ergibt sich 140:86. So entsteht eine zweite Reihe, die »Série bleue« (blaue Reihe): 8, 13, 20, 33 53, 86, 140, 226, 366 usw.
5. Einige dieser Maße haben eine besondere Beziehung zu den Maßen des menschlichen Körpers.

Die mathematischen Wissenschaften sind der Meisterbau, den der Mensch für sein Verständnis des Weltalls erdacht hat. Man findet darin das Absolute und das Unendliche, das Greifbare und das Ungreifbare. *Le Corbusier*

MATHEMATIK UND PROPORTIONEN

Wie bereits erwähnt, ist schon in den frühesten Anfängen einer optischen Kultur im Menschen die Erkenntnis gereift, daß dem gesamten Kosmos eine universale Gesetzmäßigkeit bestimmter Maßverhältnisse zugrunde liegen muß.

Die regelmäßige, wohlproportionierte Form der Kristalle, die Maßverhältnisse des menschlichen Körpers, der Bau von Tieren und Pflanzen, die Strukturgesetze der Musik, Malerei, Plastik und Baukunst, sie alle lassen sich in einem bestimmten Zahlenverhältnis erfassen.

Es wurde bereits darauf verwiesen, daß es die griechische Philosophenschule der Pythagoreer war, in welcher zum erstenmal der kühne Versuch unternommen wurde, diesem Harmoniegesetz nachzuspüren und den Proportionsrhythmus mathematisch zu definieren. Ausgehend von Untersuchungen über die Musik, mißlang der Versuch, die Tonharmonie auf einfache Zahlenverhältnisse zurückzuführen.

Jedoch entdeckten sie am Pentagramm die Maßverhältnisse des Goldenen Schnitts, eine harmonische, wohlgefällige Proportion zweier Strecken.

Am regelmäßigen Fünfeck – Pentagramm – ergeben sich durch die Diagonalteilung große und kleine Abschnitte bestimmter Relationen. Das Außergewöhnliche dieser Teilung ist, daß der kleine Teil zum größeren im selben Verhältnis steht wie der größere Teil zur Summe von Kleinem und Großem.

Dabei ist von wesentlicher Bedeutung, daß sich am Pentagramm nicht die angenäherte, sondern die mathematisch exakte Teilung des Goldenen Schnittes ergibt. In diesem Zusammenhang ist besonders das Sternzehneck von Interesse, da hierbei die Streckenabschnitte geometrische Reihen im Goldenen Schnitt bilden (siehe Abbildung unten).
Das Verhältnis des Goldenen Schnitts ist durch folgende Beziehungen festgelegt:

»Eine Strecke ist durch einen Punkt stetig geteilt, wenn der größere Abschnitt die mittlere Proportionale zwischen der ganzen Strecke und dem kleineren Abschnitt ist.«

Dieser Satz läßt sich durch folgende einfache mathematische Gleichung ausdrücken:

$$x^2 \pm mx = m^2$$

wobei wir, je nach Vorzeichen, einerseits von der inneren, andererseits von der äußeren stetigen Teilung sprechen.

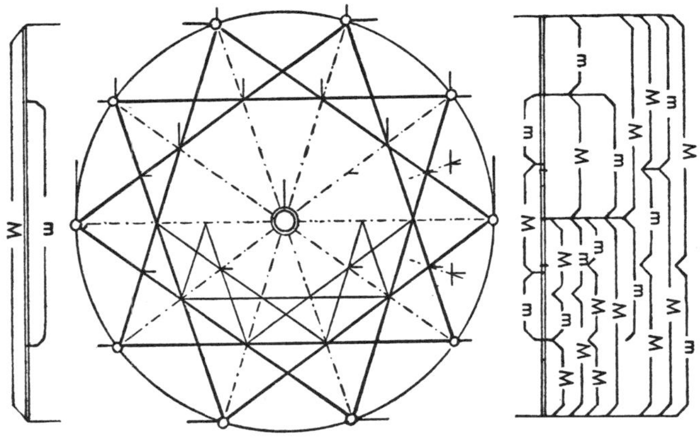

Sternzehneck mit verschiedenen Streckenverhältnissen im Goldenen Schnitt
Aus Neufert »Bauordnungslehre«[11]

Geometrische Teilung

Die Entdeckung der sogenannten »Fünfecksteilung« geht auf Hippasos und seine Nachfolger (siehe Seite 16) zurück, wie sie im II. Buch der Elemente des Euklid beschrieben wird.
Sie lösten als erste die Aufgabe, eine vorgegebene Strecke AB durch einen Punkt D so zu unterteilen, daß das Produkt aus der ganzen Strecke AB und dem kleineren Teil BD gleich dem Quadrat des größe-

Leonardo da Vinci:
»Mona Lisa«. Louvre Paris
Die Bildausführung erfolgte
nach einem
geometrischen Schema

ren Teiles AD war. Der Beweis, daß diese Teilung der Fünfecksteilung entsprach, wurde durch Winkelvergleich erbracht. Man wies nach, daß bei einem gleichschenkligen Dreieck mit einer Grundlinie, die gleich dem größeren Teil eines stetig geteilten Schenkels ist, dieselben Winkel wie im Fünfeck auftreten.

Die ursprüngliche geometrische Konstruktion bei Euklid entspricht dabei nicht ganz der heutigen (siehe Abbildung unten).

In einem rechtwinkligen Dreieck mit der Hypotenuse AC, der großen Kathete AB und der kleineren Kathete BC = $1/2$ AB wird BC über B hinaus verlängert bis auf die gleiche Länge wie AC. Dann ist die gefundene neue Strecke BD der größere Abschnitt der stetig geteilten Strecke AB.

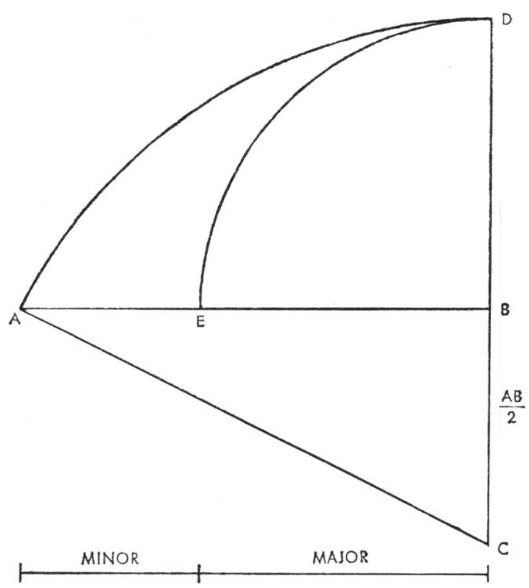

Konstruktion des Goldenen Schnittes nach Euklid

Eine einfachere Konstruktionsmethode, welche heutzutage ausschließlich angewandt wird, ist folgende: Im Endpunkt B der stetig zu teilenden Strecke AB wird eine Senkrechte errichtet, auf der man von B aus die Hälfte von AB abträgt.

Um C schlägt man dann mit CB einen Kreisbogen. Die Verbindung CA schneidet den Kreisbogen im Punkt D. Schlägt man um A mit AD einen Kreis, so schneidet dieser die Strecke AB in Punkt E und teilt diese nach dem Goldenen Schnitt. Somit verhält sich die Länge EB zu AE wie AE zur gesamten Strecke AB (siehe Seite 35 oben).

Eine weitere geometrische Konstruktionsmethode, mit welcher der Goldene Schnitt ebenfalls einfach und exakt festgestellt werden kann: Man zeichnet in ein Quadrat ein gleichschenkliges Dreieck, dessen Spitze eine Seitenmitte berührt und dessen Fußpunkte in den gegenüberliegenden Quadratecken liegen. Der diesem Dreieck eingeschriebene Kreis teilt die Dreieckshöhe im Goldenen Schnitt (siehe Bild unten).

Heute übliche Ermittlung des Goldenen Schnittes

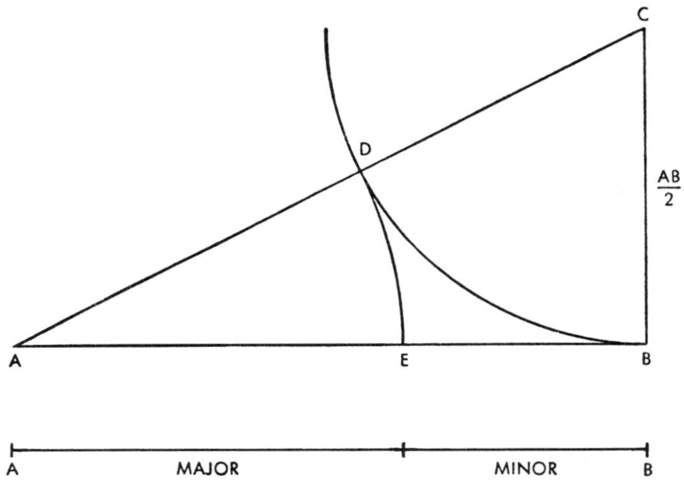

Die auf Seite 36 gezeigte Konstruktion beweist eine weitere Eigenart des Goldenen Schnittes. Die in C stetig geteilte Gerade AB kann weiter nach diesem Verhältnis unterteilt werden, indem man die Länge CB von A aus bis D abträgt. Dann ist auch AD : DB = DB : AB, also hat

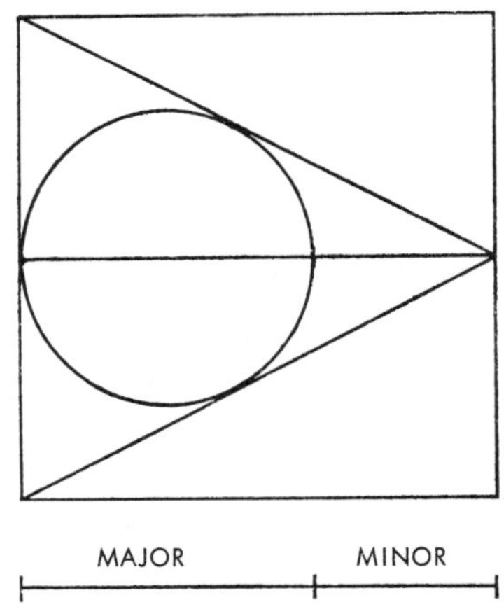

Zusammenhang von Proportionsverhältnissen bei Quadrat, Dreieck und Kreis

jede begrenzte Gerade zwei harmonische Teilungspunkte. Der Abstand dieser beiden so gefundenen Punkte, die Strecke DC, steht dann ebenfalls im Goldenen-Schnitt-Verhältnis zu AD und CB, so daß nun die Minoren AD und CB der Strecke AB die Majoren zu DC darstellen.
Verlängern wir zum Beispiel die Strecke AB über A hinaus um die gleiche Länge bis D, so bilden die nunmehr entstandenen drei Strecken eine sogenannte »Goldene Reihe«. Die Vergrößerung kann ebenso wie die Verkleinerung »stetig«, das heißt bis ins Unendliche fortgeführt werden. Die auf diese Weise ermittelten Strecken stehen dann im Goldenen-Schnitt-Verhältnis oder – wie man unter Bezug auf den später zu besprechenden »Goldenen Zirkel« sagt – im »Goldenen Zirkel«.

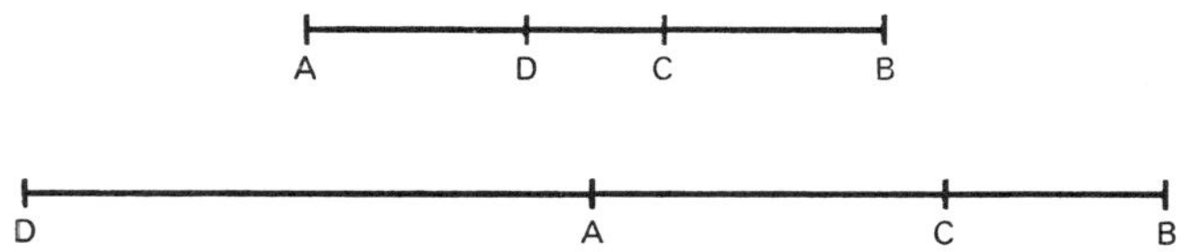

Analytische Teilung

Außer mit dem erwähnten »Goldenen Zirkel« und der besprochenen graphischen Methode ist die stetige Teilung, auch proportionale Reihe genannt, auf rein analytische Weise zu ermitteln.
Setzt man in die Gleichung $x^2 \pm mx = m^2$; $m = 1$ ein, so erhält man die dem Goldenen Schnitt zugehörige Verhältniszahl:

$$x^2 + x = 1$$
$$x = -\ ^1/_2 \pm \sqrt{^1/_4 + 1}$$
$$x = -\ ^1/_2\ (1 - \sqrt{5})$$

Das Ausrechnen dieser Gleichung ergibt eine imaginäre Zahl:

$$x = 0{,}61803\ldots$$

Dieser unendliche Bruch hat folgende bemerkenswerte Eigenschaften:
Die Division 1 : 0,61803 . . . ergibt 1,61803 . . ., diese Zahl stellt die Vergrößerung des Goldenen Schnitts dar.
Für 1,61803 . . . wollen wir den Buchstaben »G« einführen und obige Gleichung umwandeln in:

$$G^2 = G + 1.$$

Dieser Ausdruck des Goldenen Schnittes additiv dargestellt, ergibt die

Lamésche Reihe, eine Zahlenreihe, die annähernd der stetigen Teilung entspricht (siehe Abbildung unten).

		für G = 1	
$G^0 =$	1	1	
$G^1 =$	G	1	
$G^2 =$	$1 + G$	2	
$G^3 = G^1 + G^2 =$	$1 + 2G$	3	
$G^4 = G^2 + G^3 =$	$2 + 3G$	5	
$G^5 = G^3 + G^4 =$	$3 + 5G$	8	
$G^6 = G^4 + G^5 =$	$5 + 8G$	13	
$G^7 = G^5 + G^6 =$	$8 + 13G$	21	usw.

Diese Zahlenreihe erhält man am einfachsten, wenn man jeweils die vorhergehende Zahl zum Ergebnis hinzuzählt. Dabei ist bemerkenswert, daß die Reihe zum Goldenen Schnitt hin konvergiert, das heißt am Anfang der Reihe sind die Werte nicht mathematisch exakt, zum Beispiel 3 : 5; 5 : 8, sondern nur angenähert.

Eine weitere Methode zum Aufstellen der Laméschen Reihe ist die Kettenbruchentwicklung von »G«. Formen wir um:

$$G^2 = G + 1 \text{ zu } G = 1 + 1/G$$

und setzen für den Nenner G jeweils wieder den Ausdruck 1 + 1/G ein, so erhalten wir den einfachsten unendlichen regelmäßigen Kettenbruch:

$$G = 1 + \cfrac{1}{1 + \cfrac{1}{1 + \cfrac{1}{1 + \cfrac{1}{1 + \cfrac{1}{1 + \cfrac{1}{1 \ldots}}}}}}$$

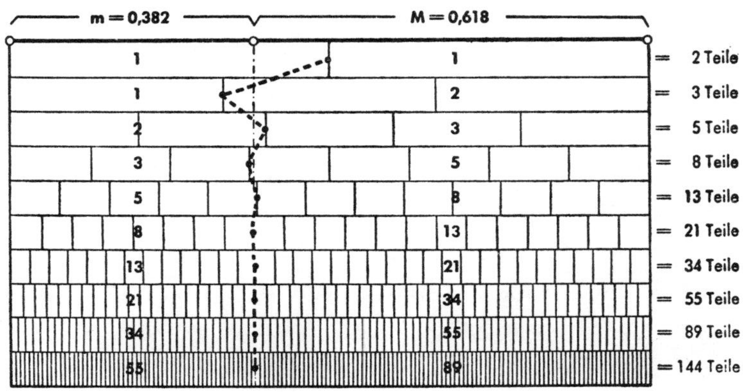

Darstellung der Laméschen Reihe Aus Neufert »Bauordnungslehre«[11]

Das Ausrechnen der ersten vier Schritte ergibt:

$$G_0 = \qquad 1$$

$$G_1 = 1 + \frac{1}{1} = \frac{2}{1}$$

$$G_2 = 1 + \cfrac{1}{1 + \cfrac{1}{1}} = \frac{3}{2}$$

$$G_3 = 1 + \cfrac{1}{1 + \cfrac{1}{1 + \cfrac{1}{1}}} = \frac{5}{3}$$

$$G_4 = 1 + \cfrac{1}{1 + \cfrac{1}{1 + \cfrac{1}{1 + \cfrac{1}{1}}}} = \frac{8}{5} \text{ usw.}$$

Die Teilung einer bestimmten Strecke im Goldenen-Schnitt-Verhältnis ist je nach der geforderten Genauigkeit wie folgt zu bestimmen: Eine Strecke »l« ist in gleich große Abschnitte bestimmter Anzahl zu teilen und dann Minor und Major zu bestimmen.

Beispiele: Angenommen die Strecke »l« mißt 24 cm, dann ergibt sich:

24 : 8	= 3	bei 8 gleich großen Teilen
3 . 5	= 15	entspricht Major
3 . 3	= 9	entspricht Minor

oder

24 : 144	= $^1/_6$	bei 144 gleich großen Teilen
$^1/_6$. 89	= 14,8333	entspricht Major
$^1/_6$. 55	= 9,1667	entspricht Minor

Beide Beispiele zeigen, daß bei dichteren Intervallen eine größere Genauigkeit erzielt wird.

Für die praktische Berechnung teilen wir jedoch die Zahl 1 im Goldenen-Schnitt-Verhältnis und erhalten für den Major 0,61803 . . . und für den Minor 0,38197 . . .

Die Multiplikation der zu teilenden Strecke »l« mit diesen Zahlen ergibt ohne andere Hilfskonstruktion immer ein hinreichend genaues Ergebnis.

Die nachstehende Tabelle der Verhältniszahlen des Goldenen Schnittes von 1 bis 100 soll der Vollständigkeit halber angefügt werden und eine

Berechnung erübrigen. Dabei können mit den Zahlen mm, cm, m, qm, cbm usw. ausgedrückt werden.

Verhältniszahlen des Goldenen Schnittes

1 : 0,6	21 : 13,0	41 : 25,3	61 : 37,7	81 : 50,1
2 : 1,2	22 : 13,6	42 : 26,0	62 : 38,3	82 : 50,7
3 : 1,9	23 : 14,2	43 : 26,6	63 : 38,9	83 : 51,3
4 : 2,5	24 : 14,8	44 : 27,2	64 : 39,6	84 : 51,9
5 : 3,1	25 : 15,5	45 : 27,8	65 : 40,2	85 : 52,5
6 : 3,7	26 : 16,1	46 : 28,4	66 : 40,8	86 : 53,2
7 : 4,3	27 : 16,7	47 : 29,0	67 : 41,4	87 : 53,8
8 : 4,9	28 : 17,3	48 : 29,7	68 : 42,0	88 : 54,4
9 : 5,6	29 : 17,9	49 : 30,3	69 : 42,6	89 : 55,0
10 : 6,2	30 : 18,5	50 : 30,9	70 : 43,3	90 : 55,6
11 : 6,8	31 : 19,2	51 : 31,5	71 : 43,9	91 : 56,2
12 : 7,4	32 : 19,8	52 : 32,1	72 : 44,5	92 : 56,9
13 : 8,0	33 : 20,4	53 : 32,8	73 : 45,1	93 : 57,5
14 : 8,7	34 : 21,0	54 : 33,4	74 : 45,7	94 : 58,1
15 : 9,3	35 : 21,6	55 : 34,0	75 : 46,4	95 : 58,7
16 : 9,9	36 : 22,2	56 : 34,6	76 : 47,0	96 : 59,3
17 : 10,5	37 : 22,9	57 : 35,2	77 : 47,6	97 : 59,9
18 : 11,1	38 : 23,5	58 : 35,8	78 : 48,2	98 : 60,6
19 : 11,7	39 : 24,1	59 : 36,5	79 : 48,8	99 : 61,2
20 : 12,4	40 : 24,7	60 : 37,1	80 : 49,4	100 : 61,8

Technische Hilfsmittel: Für die Praxis soll noch der sogenannte »Goldene Zirkel« (siehe unten und Seite 40) Erwähnung finden, ein nach dem Goldenen Schnitt konstruierter Proportionszirkel. Die Konstruktion dieses einfachen, praktischen Gerätes sowie die – der Form und dem Zweck entsprechende – Bezeichnung »Goldener Zirkel« stammt von Adalbert Goeringer (gestorben 1893).

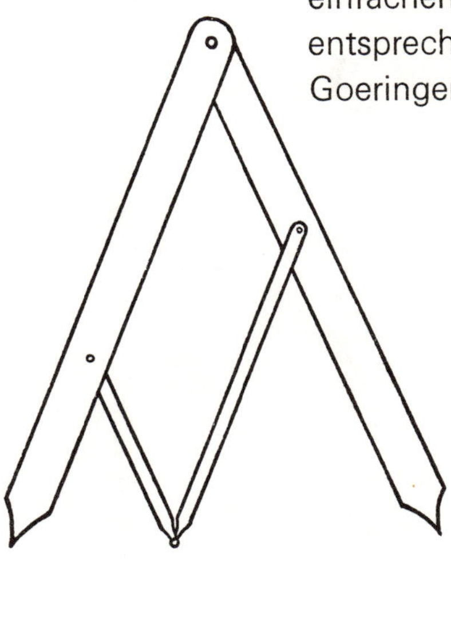

»Goldener Zirkel«, Konstruktion Goeringer

Im Gegensatz zu einem normalen Zirkel besteht dieser nicht nur aus zwei Schenkeln, sondern aus zwei äußeren und zwei inneren. Dabei sind die äußeren Schenkel im Verhältnis des Goldenen Schnittes in der Länge geteilt und zwar gegenteilig, das heißt der Major ist bei einem Schenkel oben, bei dem anderen unten. Die inneren Schenkel sind in der gleichen Länge des Minors beziehungsweise des Majors der äußeren Schenkel gehalten. Soll nun eine bestimmte Strecke im Verhältnis des Goldenen Schnittes geteilt werden, so brauchen nur die Endpunkte der zu teilenden Strecke zwischen die beiden äußeren Zirkelspitzen genommen zu werden, der Teilungspunkt nach dem Goldenen Schnitt ergibt sich dann durch die mittlere Zirkelspitze von selbst. Die so ermittelten Strecken stehen »im Goldenen Zirkel«, wobei, wie bekannt, der größere Teil als Major, der kleinere als Minor bezeichnet wird.
Die älteste und primitivste Form eines Goldenen-Schnitt-Zirkels stellt der sogenannte Reduktionszirkel dar, der schon den Römern bekannt war und zur Proportionierung ihrer Pläne benutzt wurde. Ein solcher Zirkel wurde in Pompeji gefunden und wird in Neapel aufbewahrt. Die gekreuzten Schenkel dieses Geräts lassen zwar haargenaue Messungen, selbst bei kleinsten Maßen, zu, indem auf der einen Seite der

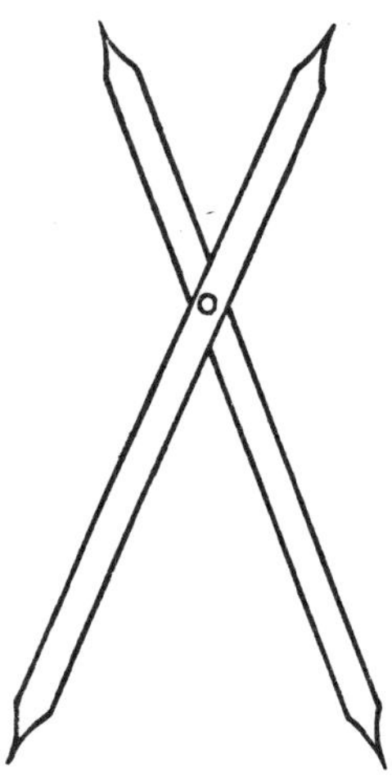

Reduktionszirkel
aus der Römerzeit

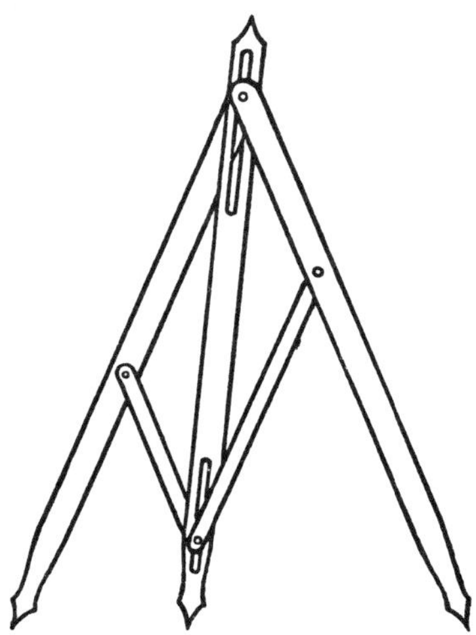

»Goldener Zirkel«,
Konstruktion Engel-Hardt

Major, auf der anderen Seite der Minor bestimmt wird. Allerdings können damit Major und Minor nicht so rasch wie bei dem Zirkel von Goeringer festgestellt werden. Eine wesentliche Verbesserung stellt der von Rudolf Engel-Hardt entworfene Goldene-Schnitt-Zirkel dar. Letzterer arbeitet infolge seiner besonderen Konstruktion wesentlich genauer als der Zirkel von Goeringer, da hier die dritte, also innere Zirkelspitze nicht zugleich Scharnier ist.
Der Vollständigkeit halber soll hier noch auf die Tatsache hingewiesen werden, daß auch bei Punkt – Geraden – Ebenen – Konfigurationen von homogenen Polytropen (Tetraeder, Dodekaeder, Oktaeder, Ikosaeder usw.) Pentagramme und andere geometrische Figuren im Goldenen Schnitt auftreten.

Diese Regeln sind nur zu benützen zur Überprüfung der Figuren, sintemalen jedermann bei der ersten Komposition irgendwelche Fehler macht, und wer sie nicht kennt, verbessert sie nicht; daher, du, um die Fehler zu kennen, dein Werk überprüfen wirst, und wo du genannte Fehler findest, verbessere sie und halte dir im Geist gegenwärtig, nie wieder in sie zu verfallen. *Leonardo da Vinci*

DIE ANWENDUNG DES GOLDENEN SCHNITTES IN DER PRAXIS

In den vorausgegangenen Kapiteln wurde mehrfach unter Beweis gestellt, daß der Goldene Schnitt sowohl in der Natur, als auch auf zahlreichen Gebieten von Kunst und Technik seine Gültigkeit als Proportionsgesetz hat.

Nicht nur in den Pythagoreern, Griechen und Römern, sondern auch in Leonardo da Vinci, dem großen Mathematiker und Künstler, Albrecht Dürer und vielen Nachfolgenden lebte die wichtige Erkenntnis, daß das Vollendete Gesetzen unterworfen ist, die mathematisch belegbar sind. Schopenhauer vertritt zwar die Ansicht, daß Mathematik und künstlerische Genialität unversöhnliche Gegensätze darstellen. Die verschiedenartigsten Werke der Baukunst, Malerei und Plastik namhafter Künstler, denen man das Genie bestimmt nicht absprechen kann, beweisen aber doch, daß das Gegenteil der Fall ist, da diese vielfach nach solchen Konstruktionsgesetzen ihre Kompositionen, Bauwerke und Plastiken schufen, die heute noch Wohlgefallen erregen, ja wohl auch in späteren Zeiten Bewunderung finden werden.

Eine Grundform, das im Verhältnis des Goldenen Schnittes gehaltene Rechteck, ist einfach zu gewinnen. Nehmen wir die lange Seite beliebig an und wollen dazu die entsprechende kurze ermitteln, so teilen wir die lange Strecke nach einer der besprochenen Methoden und errichten mit dem Major an den Endpunkten A und B eine Senkrechte, ziehen zu AB durch die neugewonnenen Endpunkte CD die Parallele und erhalten

dann das im Verhältnis des Goldenen Schnittes gehaltene Rechteck (siehe Abbildung unten).
Dabei ist von besonderer Bedeutung, daß wir in einem so gewonnenen Rechteck nur die Diagonale zu ziehen brauchen – die auch beliebig verlängert werden kann –, um auf diese Weise weitere Rechtecke bestimmen zu können, deren Endpunkte ebenfalls auf der Diagonale liegen. Auch das Maßverhältnis von Flächen zueinander ist von wesentlicher Bedeutung. So ergeben sich in der Praxis des Architekten, Graphikers, Typographen, Malers, Möbelschreiners usw. fast täglich Aufgaben, bei denen verschiedene Flächen in das richtige Verhältnis zueinander gebracht werden sollen. So beispielsweise bei der Aufteilung von Fassa-

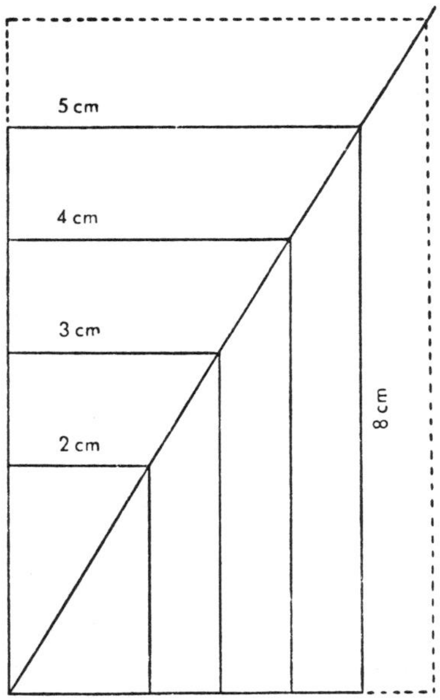

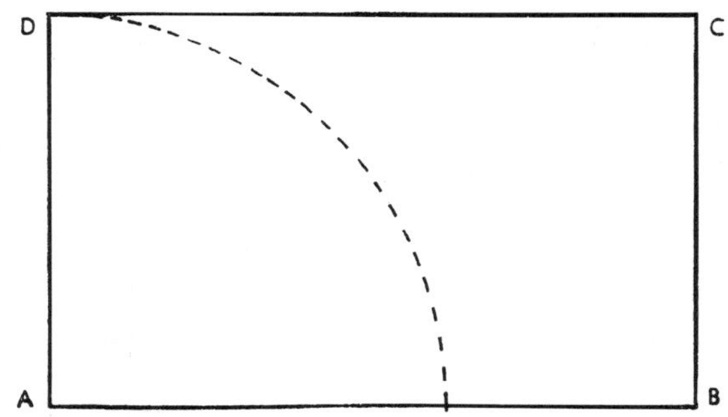

Ermittlung von Rechtecken im Goldenen-Schnitt-Verhältnis mit Hilfe der Diagonale

denflächen, Grundrissen, bei der Gestaltung von Bucheinbänden, Prospekten usw. Der Goldene Schnitt weist auch hier Wege, aus denen sich Lösungen in unzähligen Variationsmöglichkeiten ergeben. Le Corbusier hat in seinem sehr aufschlußreichen Buch »Der Modulor« gerade auch in dieser Hinsicht interessante Versuche angestellt, die er als »Spiel der Füllungen« bezeichnet. So wurde beispielsweise ein Quadrat angenommen und in den Goldenen-Schnitt-Maßen unterteilt. Das Ergebnis ist verblüffend, dieses Spiel ist endlos, man findet immer wieder

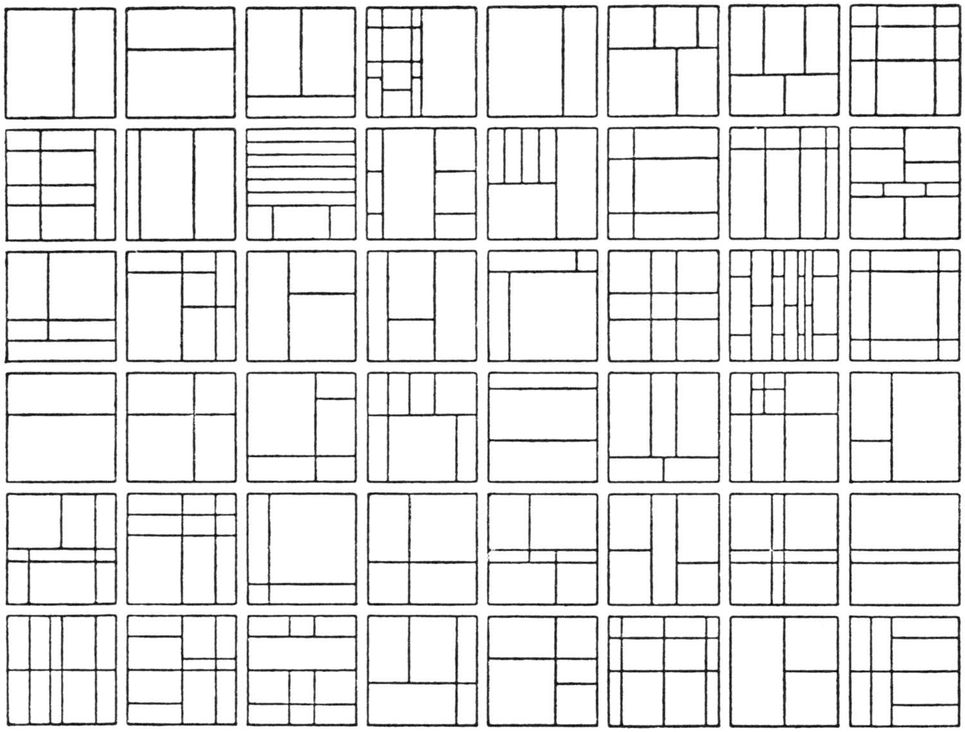

Spiel der Füllungen an einem Quadrat. Aus Le Corbusier »Der Modulor«[3]

neue Kombinationen, die sich auch in der Praxis, je nach Aufgabe, anwenden lassen (siehe Abbildung oben).
Neben der technischen Ordnung des Baues ist die künstlerische Ordnung, also die gestalterische Seite des Bauens, von wesentlicher Bedeutung. Über die technischen Fragen wird man sich allerdings schneller einigen können als über die künstlerischen. Zu allen Zeiten hat es in gestalterischer Hinsicht verschiedene Richtungen und Maßsysteme gegeben, die zu guten Lösungen geführt haben. Es soll also hier keineswegs dem Goldenen Schnitt allein das Wort gesprochen werden. Letzten Endes ist es auch so, daß auf gestalterischem Gebiet nicht nach Rezept gearbeitet werden kann. Eine noch so schöne Proportion ist eben nur ein brauchbares Gestaltungsmittel für den Begabten. Dem Unbegabten dagegen kann die beste Proportionsregel nicht das fehlende Gefühl für schöne Verhältnisse, Farben, Strukturen usw. ersetzen,

ganz abgesehen vom Stimmungsgehalt und Charakter, den jeder künstlerische Bau ausstrahlen sollte.

»Ascendere ad quadratum et ad triangulum!« – Aufbauen nach Quadrat und Dreieck. – Dies war das Werkstattgeheimnis, nach dem die Bauhütten im Mittelalter und die Baumeister der Antike ihre Bauwerke geschaffen haben und das sie als Geheimnis streng bewahrten. Aber auch der Goldene Schnitt spielte eine wesentliche Rolle und läßt sich in den Maßen zahlreicher Bauwerke nachweisen.

Nach den eingehenden und sehr genauen rechnerischen Untersuchungen von Ernst Moessel lassen sich weitaus die meisten klassischen Bauten nach dem Goldenen Schnitt bestimmen. So entsprechen beispielsweise am Parthenon in Athen Länge Breite und Höhe des Ganzen, Durchmesser und Höhe der Säulen, Höhe und Teilpunkte des Gebälks und so fort auf das genaueste den Maßen, die sich aus der fortgesetzten Goldenen-Schnitt-Teilung ergeben.

Auch die alte Petersbasilika zu Rom weist klar die Maßverhältnisse des Goldenen Schnittes auf, ebenso Kapitäl und Gebälk der verschieden-

Pfeilerkapitäl vom Bogen des Hadrian in Athen
Aus Moessel »Die Proportion in Antike und Mittelalter«[7]

sten klassischen Bauten, zum Beispiel in Athen bei den Propyläen, am Tempel des Jupiter Olympius und am Bogen des Hadrian.

Als weitere Beispiele mögen die Dome zu Limburg und Köln unter Beweis stellen, wie die Proportion als gestaltendes Prinzip in der Vergangenheit wirksam war (siehe Seite 78 ff.).

Aufschlußreiche Messungen an den Pyramiden des Alten Ägyptischen Reiches (IV. Dynastie, 3. Jahrtausend vor Christus) haben ergeben,

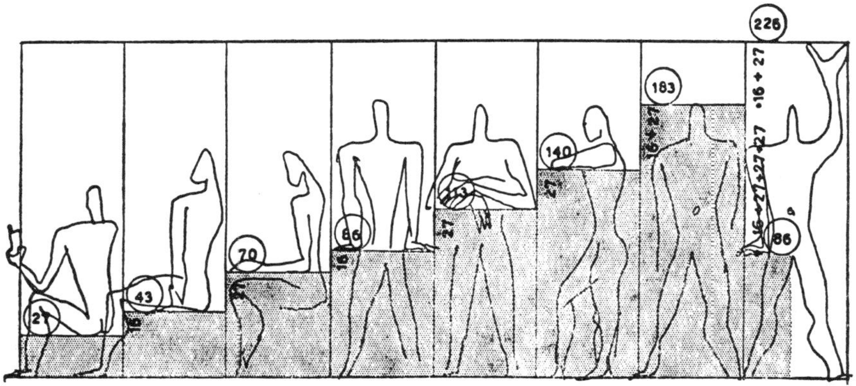

Raumverdrängung des Menschen nach Modulormaßen
Aus Le Corbusier »Der Modulor«[3]

daß auch die Abmessungen dieser Bauten Gesetzmäßigkeiten aufweisen, die der Fünfecksteilung entsprechen.
So hat die Cheops-Pyramide bei Gizeh einen Neigungswinkel von $\alpha = 51^{\circ} 50'$ bis $\alpha = 51^{\circ} 52'$. Der Kosinus dieses Winkels beträgt 0,618, also eine sehr gute Näherung der stetigen Teilung $1/2\ (\sqrt{5}-1)$. Wenn auch die mathematischen Kenntnisse in damaliger Zeit noch nicht sehr groß gewesen sein mögen, so muß doch zumindest das pythagoreische Dreieck mit den Seitenverhältnissen 3 : 4 : 5 als bekannt vorausgesetzt werden, da die meisten Pyramiden dieser Zeit hieraus entwickelt worden sind.
Das Zentraldreieck des Fünfecks ist nun aus zwei solchen Dreiecken zusammengesetzt, was sich mit elementaren Proportionen nachweisen läßt. Ob dieses Wissen auf empirischen Erkenntnissen beruhte oder als Handwerksregel aus Sumer kam, kann nicht genau gesagt werden. Auf jeden Fall ist das Fünfeck den alten Ägyptern bekannt gewesen, was eine Hieroglyphe zeigt, die die Form eines fünfstrahligen Sterns hat und »Fünfstern, anbeten, Unterwelt« bedeutet.
Ein Beweis dafür, daß sich die Ägypter schon sehr früh um die Entschleierung der menschlichen Maßverhältnisse bemüht haben, ist die Tatsache, daß in einer Grabkammer der Pyramidenfelder bei Memphis (etwa 3000 vor Christus) der älteste Kanon über Maßverhältnisse des Menschen gefunden wurde. Bekannt sind auch der Kanon des Pharaonenreiches, der Ptolemäerzeit, der Kanon des Polyklet und andere.

Wie schon ausführlich erwähnt, bringt in jüngster Zeit neben vielen anderen Le Corbusier den Menschen in engste Beziehung zum Goldenen Schnitt und entwickelt hieraus Maßreihen (Rote und Blaue Reihe), die er seinen Bauten zugrunde legt.

Rote Reihe; RO		Blaue Reihe; BL	
Zentimeter	Meter	Zentimeter	Meter
95 280,7	952,80		
58 886,7	588,86	117 773,5	1 177,73
36 394,0	363,94	72 788,0	727,88
22 492,7	224,92	44 985,5	449,85
13 901,3	139,01	27 802,5	278,02
8 591,4	85,91	17 182,9	171,83
5 309,8	53,10	10 619,6	106,19
3 281,6	32,81	6 563,3	65,63
2 028,2	20,28	4 056,3	40,56
1 253,5	12,53	2 506,9	25,07
774,7	7,74	1 549,4	15,49
478,8	4,79	957,6	9,57
295,9	2,96	591,8	5,92
182,9	1,83	365,8	3,66
113,0	1,13	226,0	2,26
69,8	0,70	139,7	1,40
43,2	0,43	86,3	0,86
26,7	0,26	53,4	0,53
16,5	0,16	33,0	0,33
10,2	0,10	20,4	0,20
6,3	0,06	12,6	0,12
3,9	0,04	7,8	0,08
2,4	0,02	4,8	0,04
1,5	0,01	3,0	0,03
0,9		1,8	0,01
0,6		1,1	
usw.		usw.	

Darstellung der Roten und Blauen Reihe von Le Corbusier
Aus Neufert »Bauordnungslehre«[11]

Er wendet seit 1948 für alle seine Projekte, so bei umfangreichen städtebaulichen, architektonischen und bildnerischen Arbeiten, diese Schnittverhältnisse an.
Als Beispiel für die Anwendung des Modulor sei die Unité d'Habitation in Marseille genannt, die auf Grund von 15 Modulor-Maßen konstruiert wurde und die die harmonischen Ergebnisse dieser Maßskala beweist. Die Unité ist 140 m lang und 70 m hoch und von oben bis un-

ten, außen und innen im menschlichen Maßstab gehalten (siehe Seite 84). Auch andere Architekten haben diese Maßsysteme in neuerer Zeit in bedeutsamer Weise benutzt (Wogensky, Roth und viele andere) und nicht weniger wichtig sind sie für Innenraumgestalter.

So ist die genaue Festlegung der Maße von Möbeln und Einrichtungsgegenständen erforderlich, denn diese sollen nicht nur zweckmäßig, sondern auch wohlproportioniert sein und dem Zeitgeschmack entsprechen. Beim Entwurf von Möbelstücken kann der Goldene Schnitt ein nützlicher Helfer sein, selbst wenn man von vornherein bestimmte Maße zu berücksichtigen hat, die sich aus dem Verwendungszweck, wie zum Beispiel bei Schreibtischen, Sitz- und Liegemöbeln, ergeben. In diesem Falle wird man eben das gegebene Maß als Ausgangspunkt annehmen und die Proportionen entsprechend dem Goldenen Schnitt wählen, selbst dann, wenn solche Maße nicht die größte Abmessung darstellen, man wird dann eben von unten her entwickeln. In Fällen, in denen eine komplette Einrichtung entworfen werden soll, richtet man sich in erster Linie nach dem wichtigsten Möbelstück. Bei mehrteiligen Möbeln gewinnt das über die »Goldene Reihe« Gesagte besondere Bedeutung. So ergibt sich beispielsweise bei dreiteiligen Möbeln durch die Reihung 5 : 8 : 5 (m : M : m) ein ganz besonderer Effekt. Hier wie in den meisten Fällen ist dem Ideenreichtum des Einzelnen weitester Spielraum gelassen, durch geschicktes Aneinanderreihen, durch verschiedene Proportionen wie 3 : 5, 5 : 8, 3 : 8, 3 : 13, 5 : 13 und so fort zu interessanten Lösungen zu kommen.

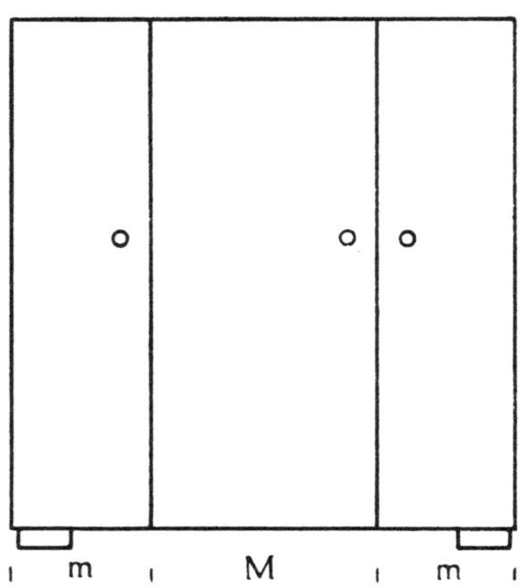

Möbel im Goldenen-Schnitt-Verhältnis

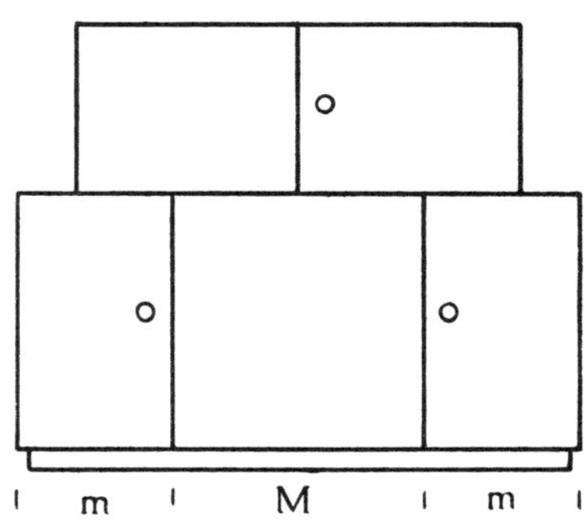

Möbel nach den
Modulormaßen
von Le Corbusier
Aus Le Corbusier
»Der Modulor«[3]

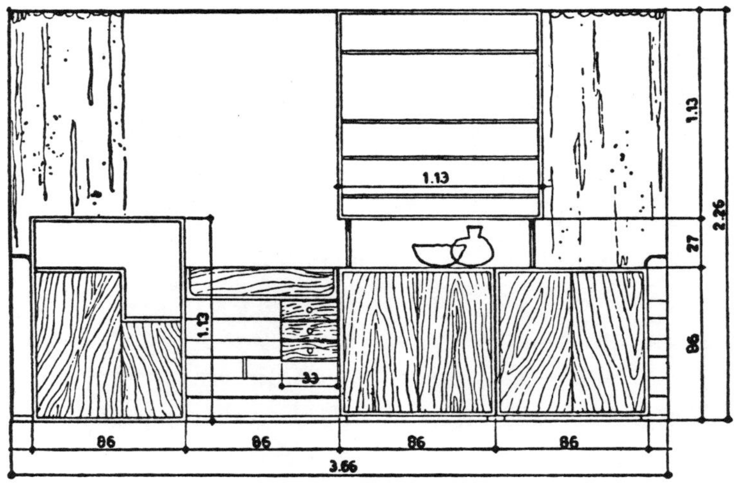

Nicht allein für den besinnlichen Beschauer von Kunstwerken oder kunstgewerblichen Erzeugnissen, sondern vor allem auch dem eigenschöpferisch Schaffenden, dem Künstler und auch Handwerker, drängt sich immer wieder die Frage auf: welchen geheimnisvollen Gesetzen und Überlegungen verdanken diese Dinge ihre Ausgewogenheit und wohltuende Schönheit ? Warum vermögen die Werke der alten Meister und auch moderne Werke so stark und zwingend zu wirken? Dies ist in vielen Fällen darauf zurückzuführen, daß sich die Kompositionen der alten Meister auf mathematischen Gesetzen und Erkenntnissen, die von der Natur abgeleitet wurden, aufbauten und daher gesetzlich gebunden sind. Daß diese Erkenntnisse bis in die jüngste Zeit Gültigkeit behalten haben, wenn auch neue hinzugekommen sind, spricht aus dem folgenden Satz des berühmten französischen Bildhauers Rodin († 1917): »Ich bin kein Träumer, sondern ein Mathematiker, und meine Bildhauerei ist gut, weil sie ein Produkt mathematischer Überlegungen ist.«

Ein Beispiel aus der antiken Plastik stellt der »Apollon von Belvedere« (siehe Seite 76) dar. Alle Abmessungen dieser herrlichen, harmonischen, das griechische Schönheitsideal verkörpernden Plastik ergeben sich, wie die Abbildung zeigt, zwanglos aus der Regel der »stetigen Teilung«.
Aber auch in der Malerei und hier oft sogar da, wo man es kaum vermutet, findet man das Verhältnis des Goldenen Schnittes in beachtens-

werter Weise wirksam. Dies zeigt beispielsweise ein Madonnenbild des Pietro Perugino (Wien) sehr schön. Die Madonna hält das Christuskind auf ihrem Schoße so, daß ihr rechter Unterarm horizontal liegt; mitten durch diesen Unterarm läuft die Teilungslinie des Goldenen Schnittes, die das ganze Bild horizontal in fünf obere und drei untere Teile teilt. Durch diese Linie wird die übrige Haltung und Stellung der Madonna und des Kindes bestimmt.

Bei größeren Darstellungen zeigt sich der Einfluß des Goldenen Schnittes auf die Anordnung, vor allem in der Höhenteilung. Unter den zahlreichen Beispielen, die hier angeführt werden könnten, sollen nur einige wenige hervorgehoben werden. In der berühmten »Himmelfahrt der Maria« von Tizian (siehe Seite 81) fällt der Hauptteilpunkt des Goldenen Schnittes in der Höhenachse des Bildes an das obere Schenkelgelenk der Maria, wo er zugleich deren Figur nach oben und unten hin fast genau in zwei gleiche Teile teilt. Die von diesem Punkt abwärts liegenden etwa fünf Teile der ganzen Höhe teilen sich wieder nach dem Goldenen Schnitt, so daß der untere größere Abschnitt dahin fällt, wo die nach oben gestreckte Hand des in der Mitte stehenden Jüngers fast die Wolken, welche die Maria tragen, berührt. In diesem tiefsten Teil des Bildes sind die überraschten Jünger um das verlassene Grab versammelt; er hat genau dieselbe Höhe, die der obere Teil des Gemäldes von dem Hauptteilpunkt am Schenkel bis zum Bildrande mißt.

Aber nicht nur ein feierliches Motiv, sondern auch ein heiteres fügt sich unter Umständen gerne einer strengeren Anordnung, wie dies bei der »Galatea« von Raffael (siehe Seite 82), zu ersehen ist. Die Göttin schwebt auf einem Muschelwagen, von Delphinen gezogen, durch die Fluten des Meeres dahin, begleitet von Tritonen, Amoretten und den Töchtern des Nereus. In der Luft fliegen drei Amoretten, die den Pfeil der Liebe nach den Meeresbewohnern abschießen, während hinter den Wolken der Kopf des Allherrschers Eros hervorragt.

Es zeigt sich, daß die der Höhe nach vorgenommene Teilung zunächst das Bild in zwei Abschnitte sondert. Im unteren Teil des Bildes spielt sich der Vorgang auf dem Meer ab. Der obere Abschnitt enthält die drei pyramidal angeordneten Amoretten, und zwar so, daß er, wiederum geteilt, in seinem unteren Abschnitt die beiden seitlichen, im oberen

Raffael »Vermählung der Jungfrau« Im Palazzo di Brera zu Mailand
Einfache Zahlenverhältnisse liegen dem Bildaufbau zugrunde

Raffael »Die Sixtinische Madonna«
Staatliche Gemäldegalerie Dresden

Raffael »Die Galatea«
Fresko in der Villa Farnesina in Rom

den mittleren der kleinen Pfeilschützen umgrenzt. Auch hier ergibt sich schon durch diese kurzen Angaben, daß der von jeher bewunderten Maßverteilung und Anordnung dieses Gemäldes das Verhältnis des Goldenen Schnittes zugrunde liegt, wenn auch der große Meister mit unendlich feinem malerischem Gefühl jede Strenge durch kleine Verschiebungen vermieden hat.

Die harmonische Wirkung bedeutender Gemälde wird also nicht allein durch den Zusammenklang von Gliederung, Gruppierung usw. herbeigeführt, sondern verwebt sich vielfach mit den Maßverhältnissen des Goldenen Schnittes; oder richtiger gesagt, dieser bildet einer der Bestandteile, aus denen der Künstler die Harmonie in der Anordnung seines Werkes erzeugt. Dabei läßt sich keine feste Vorschrift oder Regel aufstellen, wie es gemacht werden muß, dies muß frei aus schaffendem Geist erfühlt werden. Nur das eine kann gesagt werden, daß das streng Mathematische als Grundlage betont, aber in der Ausführung vermieden werden soll, indem man durch Abweichungen und Zufälligkeiten mannigfacher Art den Schein völliger Freiheit anstrebt. Die Lösung solcher Aufgaben setzt selbstverständlich Geist und viel Überlegung voraus. Ein Gemälde, in dem in vorbildlicher Weise alle jene Verhältnisse lebensvoll weben, und das in jeder Hinsicht, also auch in bezug auf seine Anordnung, stets für eines der edelsten Meisterwerke der Kunst gehalten werden wird, ist die »Sixtinische Madonna« Raffaels (siehe Seite 25).

Teilt man dieses Bild der Breite nach in zwei Hälften, so enthält die Halbierungslinie alle wesentlichen Teilungspunkte des Goldenen Schnittes. Auffallend ist dabei, daß bei diesem scheinbar streng symmetrisch aufgebauten Bild die Mittelachse nicht durch das Gesicht der Madonna geht, diese also etwas nach links gerückt auf der sogenannten ästhetischen Mittelachse steht.

Ein weiteres Beispiel für ein konstruiertes Ebenmaß in der Malerei ist Albrecht Dürers »Selbstbildnis« (siehe Seite 80). Dürer, der sich mit den mathematischen Grundlagen der malerischen Komposition in hohem Maße beschäftigte, hat uns viele Konstruktionen und Schulbeispiele hinterlassen und diese in seiner »Proportionslehre« und in »Die Unterweisung der Messung mit dem Zirkel und Richtscheit« niedergelegt.

Auch bei ihm ergeben sich immer wieder Teilungen nach dem Goldenen Schnitt. Bei seinen Holzschnitten »Offenbarung«, »Große Passion« und »Marienleben« verhalten sich beispielsweise die Breiten zu den Höhen wie die Seite zur Diagonale im Quadrat, also wie $1 : \sqrt{2}$, wogegen die Blätter der »Kupferstich-Passion« schön das Goldene Verhältnis zeigen. Aber noch ein anderer »Großer«, Leonardo da Vinci, der ja auch als Mathematiker berühmt ist, baute seine Bilder konstruktiv auf. Dabei wandte er bei seinem bekannten Bild der »Mona Lisa« den Goldenen Schnitt im Zusammenhang mit dem Pentagramm-Dreieck an, wobei die Bildbreite die Basis eines solchen Dreiecks und seine Höhe die Höhe des Bildes bestimmt (siehe Seite 33).
Tizian arbeitete neben dem Goldenen Schnitt auch noch nach einer anderen Methode, nämlich mit dem Diagonalkreuz, das das Bildzentrum treffen muß. Die Klarheit der Bildkomposition der Meister der Renaissance beruht wohl zu einem guten Teil auf der Anwendung des Goldenen Schnittes. So wird man im »Abendmahl« Leonardos da Vinci, in der »Dreifaltigkeit« Albrecht Dürers und in vielen anderen Werken klassischer Meister Gelegenheit finden, solche Beobachtungen zu machen. Dabei mag die Behauptung Gültigkeit haben, daß die Künstler nicht immer bewußt und mit Absicht danach gehandelt haben und daß manchem der großen Meister der Goldene Schnitt in dem hier besprochenen Sinne unbekannt gewesen sei. Dies wird nicht bestritten. Sie

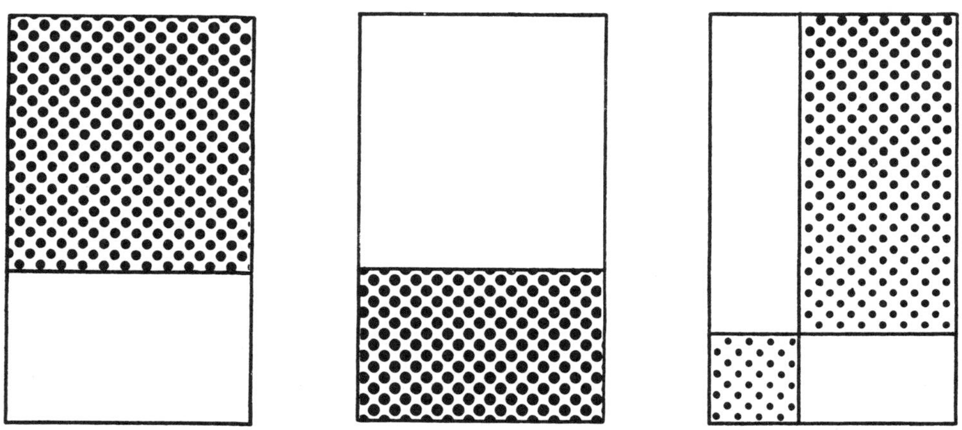

Anwendung des Goldenen Schnittes in der Typographie

mögen oft rein gefühlsmäßig aufgebaut haben, aber dadurch wäre die Gültigkeit dieser Konstruktionsgesetze gerade bewiesen.
Wie wichtig solche Versuche beispielsweise auch für den Graphiker oder Typographen bei der Festlegung von Tonflächen, Bildformaten und ähnlichem, bei der Gestaltung von Prospekten und Katalogen sind, beweist folgendes Beispiel: Die Titelseite eines Prospektes soll mit einer Tonfläche unterlegt werden. Man teilt die Fläche in der Höhe oder Breite nach dem Goldenen Schnitt und legt den größeren oder kleineren Teil in Farbe an. Angenommen, eine weitere Fläche, sei es ein Rechteck oder Quadrat, ist für eine Hervorhebung erforderlich, so bringt man diese in entsprechende Beziehung zu der bereits gewählten Fläche.
Will beispielsweise ein Photograph ein dem Auge gefälliges Bildformat festlegen und dazu einen passenden, bildschützenden Rahmen (Passepartout) schneiden, so kann er nach der bereits beschriebenen Me-

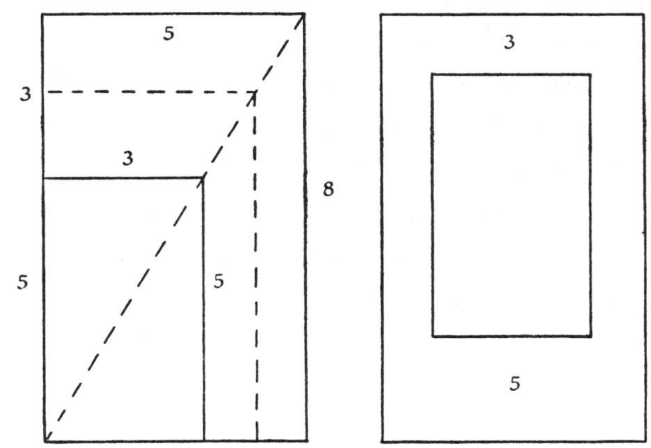

Seitenverhältnisse von Satzspiegeln und Passepartout im Goldenen Schnitt

thode verfahren. Er zieht einfach die Diagonale – am besten auf der Rückseite des Photos – und kann hiernach die Größe des Rahmens im gleichen Maßverhältnis bestimmen. Will er nun die Aufnahme optisch richtig in den so gewonnenen Rahmen stellen, so verteilt er den freien Raum in der Höhe, beispielsweise so, daß oben 3 und unten 5 Teile zu stehen kommen und das Bild in der Breite auf der Mitte steht.
Auch für den Bau- und Schildermaler ist der Goldene Schnitt ein vortreffliches Hilfsmittel, weil er rasch jene Proportionen finden läßt, für

die wir eine besondere Vorliebe verspüren. In den meisten Fällen ist die mit Malerei zu schmückende oder die zu beschriftende Fläche bereits gegeben. Um so schwieriger ist es, die Schrift, ein Schriftband, ein Schild, eine Figur oder ein anderes schmückendes Element in das richtige Verhältnis zu bringen und so in den Raum zu setzen, daß eine harmonische Gesamtwirkung erzielt wird. Wie oft bereitet schon die Festlegung der Sockelhöhe, im Verhältnis zur Gesamthöhe, Schwierigkeiten! Der Goldene Schnitt bewahrt mit Sicherheit vor Fehlgriffen und überzeugt, daß das Problem der räumlichen Harmonie sich tatsächlich ebenso auf Zahlenverhältnisse zurückführen läßt, wie sich beispielsweise die musikalische Harmonie auf Verhältnisse der Tonschwingungszahlen stützt.

Der Goldene Schnitt hat neben der Festlegung eines wohlproportionierten Bildformats auch beim kompositorischen Bildaufbau innerhalb der Bildebene besondere Bedeutung.

Nehmen wir beispielsweise ein beliebiges Rechteck A B C D an und teilen einmal die Seite A B in a, das andere Mal in b harmonisch, dementsprechend die Seite C D in c und d. Dann wird C B in e und f und A D in g und h harmonisch geteilt. Die Verbindungslinien a d, b c, e g und f h werden nun als »Goldene Linien« bezeichnet, wobei a d die linke, b c die rechte, e g die obere, f h die untere Goldene Linie darstellen. Die Schnittpunkte dieser Linien, mit i, k, l, m bezeichnet, nennen wir die »Goldenen Punkte«.

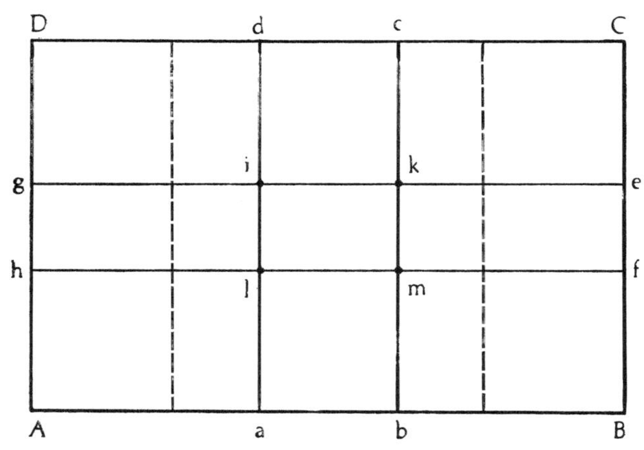

Konstruktionen von Goldenen Linien und Goldenen Punkten

Die so gewonnenen »Goldenen Linien« und »Goldenen Punkte« sind für den Bildaufbau von besonderer Bedeutung. Einer, manchmal auch mehreren der Goldenen Linien kommt eine anordnende Teilung im Bildaufbau zu, währenddessen einer oder mehrere der Goldenen Punkte für den Bildaufbau insofern wichtig sein können, als ein dort angebrachter Gegenstand oder Farbfleck den Bildeindruck wesentlich beeinflußt.

Daß diese Methode in der Malerei vielfach angewendet wird und von Einfluß auf die Gesamtwirkung sein kann, läßt sich an zahllosen Bildern namhafter Künstler nachweisen, was auch für die Kunstbetrachtung von wesentlicher Bedeutung ist.

Dieses Unterteilungsverfahren kann aber da, wo es notwendig erscheint, noch weiter fortgeführt werden, indem die linke und rechte »sekundäre« Goldene Linie (punktiert) gezogen wird; was natürlich auch in der Waagrechten geschehen kann. In vielen Fällen und bei manchem Maler werden sich selbstverständlich solche harmonischen Teilungen oft ganz gefühlsmäßig ergeben. Diese Tatsache würde die Bedeutung der aufgestellten Theorie nur vertiefen. Wie in der Architektur, so spielen in der Typographie die Maßverhältnisse eine wesentliche Rolle, nur daß der Typograph an Stelle des gegebenen Bauplatzes sein Papierformat, statt Bausteinen die Lettern bzw. sein Satzmaterial zur Verfügung hat. Die Kunst des typographischen Gestaltens besteht in erster Linie darin, mit den gegebenen Schriften, vorhandenem Linien- und Schmuckmaterial sowie graphischem oder photographischem Bildmaterial gute Lösungen im gegebenen Raum zu schaffen. Dabei ist klar, daß weder die schönste Druckschrift und typographisches Material, noch beste drucktechnische Leistungen Fehler, die in punkto Größenwahl und Raumverteilung gemacht werden, ausgleichen kann. Dies trifft im besonderen auf Akzidenzarbeiten und die Buchgestaltung zu. Richtige Raumaufteilung, wie gute Maßverhältnisse überhaupt, sind erste Voraussetzung, zumal die Aufgaben immer wieder neu und meist grundverschieden sind und individuelle Lösungen verlangen. Der Gestalter kann sich mit diesen Problemen nicht eingehend genug beschäftigen, wenn er allen Aufgaben gerecht werden will.

In der Typographie, Graphik, Malerei usw. ist die richtige Verteilung des freien Raumes, der oft die beschriftete oder bemalte Fläche um ein Vielfaches an Ausdehnung überschreitet, für die Gesamtwirkung von ausschlaggebender Bedeutung. Hier, wie auf anderen Gebieten, ist es notwendig, jene gesetzmäßigen Beziehungen, wie zum Beispiel zwischen Papierfläche und Aufdruck oder bemalter und nicht bemalter Fläche, zu kennen, wenn eine harmonische Gesamtwirkung erzielt werden soll.
Wenn schon das Maßverhältnis beim Seitenformat von besonderer Bedeutung ist, so ist das Verhältnis von bedruckter zu unbedruckter Fläche ebenso wichtig. Wie ungünstig sich ein solches Mißverhältnis auswirkt, zeigen die beiden Beispiele auf Seite 59.
Es bedarf also einer Abstimmung aufeinander, wobei der Satzspiegel eine proportionale Verjüngung des Seitenformats darstellen soll, die durch eine entsprechende diagonale Verkleinerung (siehe Seite 55) erreicht werden kann, selbst dann, wenn das Papierformat nicht im Verhältnis des Goldenen Schnittes gehalten ist. Durch Ziehen der Diagonale wird jeweils das dem Papierformat entsprechende Seitenverhältnis ermittelt, wobei je nach dem Zweck, dem das Gedruckte dienen soll, das Format mehr oder weniger stark ausgenutzt werden kann. Die Grenze für die Ausnutzung des Papierformats liegt zwischen 3 : 8 und 5 : 8 (siehe Seite 55).
Je nach dem Zweck kann man also die Papierränder festlegen und die Satzgröße zum Papierformat im Verhältnis 3 : 8 vorsehen oder, wenn kleinere Papierränder notwendig sind, im Verhältnis Satzgröße : Papierformat mit 5 : 8 annehmen. Die Stellung im Raum ist dann so vorzunehmen, daß oben 3 Teile und unten 5 Teile freier Raum stehen. Natürlich kann in besonderen Fällen davon abgewichen oder ganz abgegangen werden, wenn besondere Gründe dies erforderlich machen, denn es versteht sich von selbst, daß diese beiden Möglichkeiten zahlreiche andere Lösungen nicht ausschließen. Nur sollten sich eben diese Verhältnisse zwischen den beschriebenen Möglichkeiten bewegen. Selbstverständlich gibt es auch Fälle, in denen zum Beispiel die unbedruckte Fläche um ein Vielfaches größer ist als die bedruckte Fläche, wo der Aufdruck unter Umständen nur aus einem Wort oder einer Zeile besteht.

Hier kommt es dann darauf an, das Wort oder die Schriftgruppe optisch richtig in den Raum zu stellen, um einen ästhetisch befriedigenden Eindruck zu erzielen. Auch hierbei ist der Goldene Schnitt, wie wir an anderer Stelle schon gesehen haben, ein nützlicher Helfer.
Nicht nur das richtige Verhältnis zwischen bedruckter und unbedruckter Fläche, sondern vor allem auch die Verteilung der Papierränder ist für die harmonische Gesamtwirkung einer Druckarbeit von entscheidendem Einfluß. Dabei sind gewisse Regeln, die sowohl geschmacklich als auch technisch begründet sind, zu beachten. Wenn bei einem Einzelblatt der Satz in der Breite vielleicht auf Mitte gestellt wird, so ist dies zum Beispiel bei einem Buch nicht der Fall, weil sonst die Seiten auseinanderstreben, das heißt der innere Rand würde durch das Zusammenstoßen beider Seiten gegenüber dem äußeren Rand zu groß und der Zusammenhang ginge verloren. Beim Buch ist also nicht die Einzelseite, sondern die Doppelseite so zu stellen, daß sich eine optisch wirksame Einheit ergibt, das heißt die beiden sich gegenüberstehenden Seiten sind zueinander in ein Verhältnis zu bringen. Hierfür gibt es verschiedene Regeln und Möglichkeiten, unter denen auch der Goldene Schnitt eine Rolle spielt.
Vor der Erfindung der Buchdruckerkunst wurden Bücher mit der Hand geschrieben. Diese dienten Gutenberg und den Frühdruckern als Vorbild, sie übernahmen die Gesetze der Buchform. Die Schreiber des Mittelalters hatten bereits Proportionsgesetze, die als Werkstattgeheimnisse

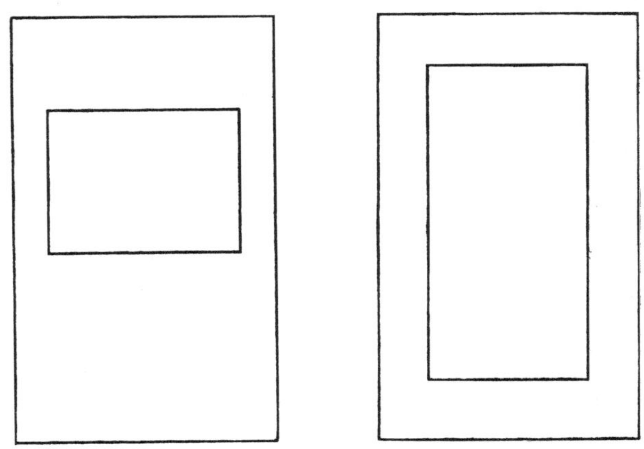

Verhältnis von Satzspiegel
zum Papierformat
links: zu breit
rechts: zu schlank

gewahrt und nur selten, wenn überhaupt, schriftlich niedergelegt wurden. Diese Schriften und auch die Frühdrucke sind in mancher Hinsicht, vor allem auch wegen ihrer Proportion, fast unübertrefflich.
Es sind in erster Linie die edlen Maßverhältnisse, die Seitenverhältnisse des Blattformates, das Seitenverhältnis und die Stellung des Schriftblocks auf dem Papier, die gegenseitigen Verhältnisse der Randbreiten, das Verhältnis der Schriftgröße zum Blattformat, die diese Werke besonders gefällig erscheinen lassen.
Die Blattproportion vieler Handschriften des Hohen und Späten Mittelalters sowie von Inkunabeln weisen die Proportion 3 : 2, $\sqrt{2} : 1$, 4 : 3 und den Goldenen Schnitt auf. Es würde zu weit führen, einzeln darauf einzugehen. Die Proportion des Goldenen Schnittes mit 34 : 21, aber auch ihre Annäherung, gilt als besonders edel.
Der innere Papierrand beim Buch im Bund (Bundsteg) wird aus dem bereits erwähnten Grund geringer gehalten als der äußere Rand (Seitensteg) und nach dem Goldenen Schnitt im Verhältnis 3 : 5 angenommen. Auch in der Höhe ist ein Ausgleich aus optischen Gründen erforderlich. Dabei wählt man für den oberen Rand (Kopfsteg) 5 Teile und für den unteren (Fußsteg) 8 Teile.
Die Verteilung der Papierränder nach dem Goldenen Schnitt ergibt auf jeden Fall eine befriedigende harmonische Gesamtlösung und stellt eine der Voraussetzungen dar, die dem Buch ein ansprechendes Aussehen

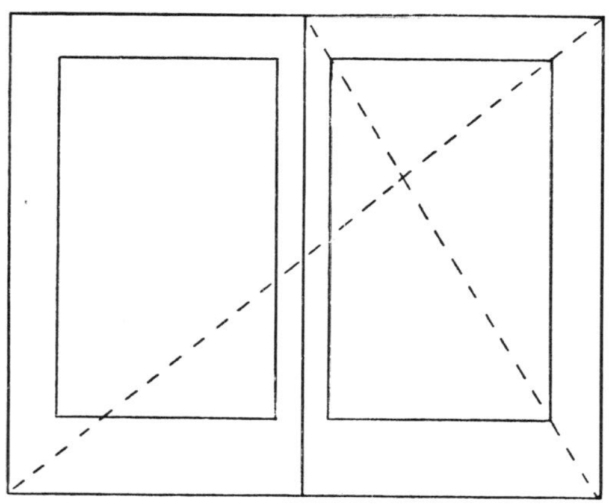

Oktavbuchformat im Goldenen Schnitt

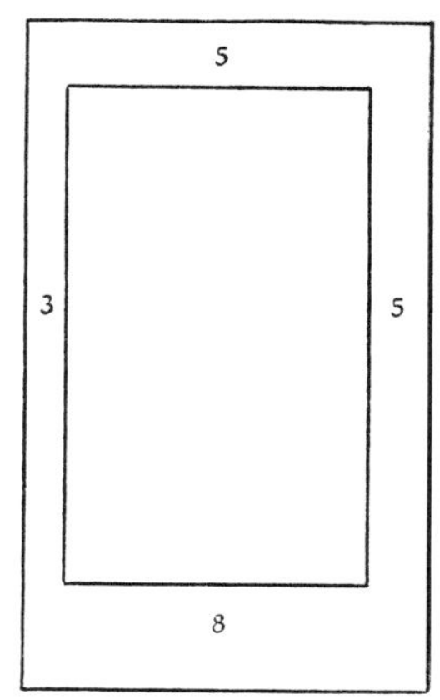

Satzspiegel im Verhältnis des Goldenen Schnittes

verleihen. Dabei ist es selbstverständlich, daß geringe Abweichungen, die im typographischen Maßsystem bedingt sind, in Kauf genommen werden können.
Bei Großformaten mit kleinem Satzspiegel oder bei stark ausgenütztem Papierformat wird man sich an die Regel allerdings nicht immer halten können, sondern muß dann gefühlsmäßig vermitteln. Dabei sollen die Papierränder nicht allein der Druckseite ein gutes Aussehen verleihen, sondern auch die aufeinanderfolgenden Zeilen umschließen und so dem Auge einen Ruhepunkt bieten, indem sie die gedruckte Kolumne im Raum ausbalancieren. Um sich im vornherein ein Bild von der fertig gedruckten Seite verschaffen zu können, schneidet man sich vielfach in der Größe des festgelegten Satzformats aus getöntem Papier – in der Farbe so, daß es in der Grauwirkung der gewählten Schrift ungefähr gleich kommt – einen »Spiegel« und legt denselben auf die Seite auf.
Die Beispiele für die vielfältigen Anwendungsmöglichkeiten des Goldenen Schnittes könnten bis ins Unendliche fortgesetzt werden. Es seien hier nur noch einige erwähnt. So können beim Schriftschreiben oder -zeichnen beispielsweise die Mittellängen mit 5, die Oberlängen mit 3 Teilen angenommen werden. Auch beim Abstimmen der Schriftgrade aufeinander kann man den Goldenen Schnitt heranziehen. Bei einem Bucheinband stellt man das Titelschild der Höhe nach im Verhältnis 3 : 5. Klischees, Tonflächen, Einfassungen, schmückende Linien können der Länge und Stärke nach leicht in das Goldene Schnitt-Verhältnis gebracht werden. Ebenso kann in anderen Handwerkszweigen der Goldene Schnitt sinngemäß bei allen Erzeugnissen, die Anspruch auf wohlproportionierte Maßverhältnisse erheben, seine Anwendung finden. Je mehr sich Gelegenheit bietet, dieses Maßverhältnis anzuwenden, kommt man zu der Überzeugung, daß mit diesem Verfahren immer befriedigende Ergebnisse erzielt werden.
Im Sinne der Worte Albrecht Dürers: »Wir sehen gern schöne Ding, dann es gibt uns Freud« möge dieses Buch den Weg zu all denen finden, die Freude am Schönen empfinden und ihnen bei der Schaffung harmonischer Maßverhältnisse in der Kunst und im Handwerk nützlicher Helfer sein.

LITERATUR

1 Baravalle, H. v.: Die Geometrie des Pentagramms und der Goldene Schnitt. Stuttgart 1950

2 Becker, O.: Über die Proportionen der ägyptischen Pyramiden I; Die klassischen Pyramiden des alten Reiches. Köln 1961

3 Le Corbusier: Der Modulor. Stuttgart 1950

4 Engel-Hardt, R.: Der Goldene Schnitt im Buchgewerbe. Leipzig 1919

5 Heller, S.: Die Entdeckung der stetigen Teilung durch die Pythagoreer. Berlin 1958

6 Klemm, F.: Luca Pacioli lehrt die »Göttliche Proportion« (Die BASF, Heft 3/62). Ludwigshafen 1962

7 Moessel, E.: Die Proportion in Antike und Mittelalter. München 1926

8 Urform des Raumes als Grundlage der Formgestaltung. München 1931

9 Vom Geheimnis der Form und der Urform des Raumes. Berlin 1938

10 Neufert, E.: Bauentwurfslehre. Berlin 1961

11 Bauordnungslehre. Berlin 1960

12 Tropfke, J.: Geschichte der Elementar-Mathematik, Band 4: Ebene Geometrie. Berlin 1940

13 Zeising, A.: Neue Lehre von Proportionen des menschlichen Körpers. Leipzig 1854

14 Graf, H.: Bibliographie zum Problem der Proportionen,
Teil I: Von 1800 bis zur Gegenwart. Speyer 1958

BILDNACHWEIS

Soweit nicht beim Bild vermerkt, verdanken wir Reproduktionsrechte, Bildvorlagen oder Klischees wie nachstehend aufgeführt: BASF-Werkzeitung, Ludwigshafen/Rhein, Seite 2; Deutsche Heraklith-Rundschau, Simbach/Inn, Seite 73, 84 und ein Teil der Klischees; Deutscher Verlag Berlin, Seite 73, 74, 76, 80: Giraudon; Paris, Seite 33; Le Corbusier, »Der Modulor«, Stuttgart 1950, Seite 27, 29, 44, 46, 49; Moessel, Ernst, »Die Proportion in Antike und Mittelalter«, München 1926, Seite 45, 74, 76, 77, 78, 83; Neufert, Ernst »Bauordnungslehre«, Berlin 1961, Seite 11, 13, 21, 32, 37, 75; Neufert, Ernst, »Bauentwurfslehre«, Berlin 1962, Seite 24; Georg Westermann Verlag, Braunschweig, Seite 24, 51. Alle übrigen stammen vom Verfasser oder aus dem Archiv des Verlages.

G. F. HARTLAUB | METROSOPHIE

Jeder Gang durch eine ältere Stadt, die auch in den letzten Generationen nicht stehengeblieben ist, weist uns auf eine seltsame, beinahe erschreckende Tatsache hin (1940). Was bis zu Beginn des 19. Jahrhunderts gebaut worden ist, zeigt dem Auge Maßverhältnisse, die uns überzeugen und anmuten, als seien sie gleichsam so gewachsen. Was aber dann beginnt, enttäuscht und fällt ab. Wie ist dies plötzliche Versagen nach so vielen Jahrhunderten einer gesicherten Kunstübung zu erklären? Ist etwas verlorengegangen? Hatten vordem selbst die einfachsten Werkleute die Musik der Verhältnisse in Fleisch und Blut gehabt, oder standen ihnen auch gewisse lehrbare Methoden zur Verfügung, an denen sie ihr angeborenes Gefühl zu erziehen und zu bestätigen vermochten? Daß derartige Grundlagen – natürlich nicht nur äußerliche Hilfsmittel, sondern solche, die bei aller praktischen Brauchbarkeit doch tief in der Seele verankert waren – existiert hätten und daß sie aus frühen Zeiten der Kunst bis zu jener Epoche weitergegeben worden seien, dies wird immer wieder auf der einen Seite behauptet, auf der anderen bestritten.

Maß und Zahl bei den Alten

Das Problem zeigt sich schon bei den alten Ägyptern. Über eine Geltung kosmisch bedingter, vielleicht gar aus verschollenem Geheimwissen geschöpfter Zahlen in ihrer starr monumentalen Baukunst hat man viel spekuliert. Gesicherter scheint ein mathematischer Kanon der leiblichen Verhältnisse in der Bildnerei; auch sehen die Reliefs oft so aus, als habe der Anordnung ein einfaches geometrisches Schema zugrunde gelegen. Von den Griechen weiß man unter anderem, daß sie die Hauptmaße ihrer Tempel als Vielfache eines veränderlichen »Moduls« gewonnen haben, des halben unteren Säulendurchmessers. Das Vielfache war jedoch nicht immer ganzzahlig. Dagegen bestehen zwischen den Hauptteilen der Tempel zum Teil einfache Zahlenverhältnisse – dieselben, wenn man will, die auch die Hauptintervalle der Musik nach Saitenteilung und Schwingungszahlen bestimmen. Direkte Anhaltspunkte für eine besondere kosmologisch-musikalische Bedeutung solcher Zahlenverhältnisse im Sinne der alten Pythagoreer gibt es freilich nicht. Trotzdem ist der Gedanke von der Baukunst als »gefrorener« oder, wie Goethe auch sagte, als »verstummter Musik«, ist der Traum von der nicht nur tönenden, sondern auch *scheinenden* Zahl gewiß schon im Altertum aufgekommen. Diese musikalische Kunst-Arithmetik hat solchen Ruhm gewonnen, daß der Gedanke, die antiken Architekten hätten sich, wie später das Mittelalter, vor allem auch geometrischer Figuren als Schlüssel bedient, erst spät Anhänger gefunden hat. Plato sagt im »Staat«, daß sämtliche Künste und Handwerke von denselben Gesetzen erfüllt seien wie die musikalische Rhythmik. Bei Vitruv ist noch von dem akustisch sich auswirkenden Zusammenhang zwischen Raumproportion und Intervallen die Rede; die Einheit von Mathematik, Astronomie, Musik und Architektur sah er schon in seinen zahlreichen, heute verlorenen Quellen betont. Da auch der Mensch, dessen Kanon einst der große Bildhauer Polyklet aufgestellt hatte, leiblich nach jenen übergeordneten Maßen gebildet sein sollte, konnte er gewissermaßen zum Mittler zwischen mathematisch-musikalischem Kosmos und Baukunst werden. Vitruv nimmt ihn nach seinen idealen Proportionen sowie nach den an ihm verkörperten Zahlen zum unmittelbaren Vorbild der Säulenordnung, so daß hinter diesem Vergleich jene mathematisch harmonikalen Begründungen zurücktreten. Auch bei solcher Herleitung blieb bestehen: wer sich der Zahlen-Maße bediente, die noch etwas Absolutes, Schaubares, nichts Geschmacksmäßiges bedeuteten, tat es ursprünglich nicht aus »künstlerischen« Gründen, sondern aus Gründen der religiös-magischen Sicherung. Nur Proportionen an gleichzeitig übersehbaren Teilen, wo jene einfachen

Zahlenverhältnisse oder zum Beispiel der am Menschen beobachtete »Goldene Schnitt« gelten mochten, reichten schon frühzeitig auch in die Schönheit als Eigenzweck hinüber.

Im faustischen Zeitalter

Als man seit dem 15. Jahrhundert mit der äußeren Nachahmung antiker Bauformen auch die Proportionen zu erneuern trachtete, als die großen Universalkünstler der Wiedergeburt – Alberti, Filarete, Pacioli, Francesco di Giorgio, Leonardo und Dürer – durch Messungen an den Baudenkmälern und durch Befragen des Vitruv, ihres großen Architektur-Orakels, wieder den sicheren Grund für die Vollkommenheit suchten, da glaubte man etwas seit dem Untergang des Altertums Verschüttetes aufzugraben: die klassische Harmonie, Symmetrie, Eurhythmie und Analogie der Griechen und Römer. Daß man auch in der eigenen, viel näheren Vergangenheit eine Lehre vom Maß besessen, daß man in den Bauhütten des Nordens den »Gerechten Steinmetzengrund«, einen geometrischen Bauschlüssel, angewendet hatte, davon wollte der humanistisch gebildete Künstler damals nichts mehr wissen – so wenig er es auch ganz aus Erziehung und Erinnerung verdrängen konnte. Und wenn noch der alte Ghiberti, der Bildhauer, in seinen Kommentaren von Giotto gerühmt hatte, daß er die Natürlichkeit in der Kunst gefördert habe, ohne »aus den Maßen zu schreiten« (non uscendo dalle misure), so haben doch auch die Plastiker und Maler der eigentlichen Renaissance kaum geglaubt, in ihren nach der neuen Perspektive und Anatomie entwickelten Kompositionsprinzipien noch etwas mit der alten architektonisierenden Bildgeometrie zu tun zu haben, die bei Cennini und Ghiberti als »doctrina, regola, lineamenti, misure« im Sinne der gebundenen Monumentalkunst erwähnt wird. Daß das Mittelalter (wie wir es heute nennen) selbst nicht ohne Zusammenhang mit der Antike stand, daß Gotik und Griechentum vielleicht gerade bezüglich Maß und Zahl in unterirdischer Verbindung gewesen seien, ahnte damals niemand mehr. Man fühlte, daß im alten Kirchenbau, wie bei den Heiden, nicht vom Menschen als Maß aller Dinge ausgegangen war, sondern von architektonischen, überweltlich gemeinten Verhältnissen – wobei der Leib in der Darstellung immer mehr verkümmerte. Daß die einzigartige Harmonie der klassischen Hochrenaissance, die Bauten und

Bilder Bramantes, Raffaels, Tizians mit ihrer vollkommenen »concinnitas« (im Sinne Albertis) wohl doch nur möglich geworden sind, weil das Mittelalter mit seinen eigenen gesicherten Wohlklängen noch zeitlich so nahe war, konnte man damals nicht einsehen.
Auch Albrecht Dürer nicht – so stark auch bei ihm die alte Werkstattgewohnheit nachklingt. Sein Forschen nach den gottgewollten Maßverhältnissen im Menschen (über eine geometrische Grundlegung der Gesamtkompositionen seiner Bilder finden wir keine Spuren, obgleich sie sich nachträglich wohl unterlegen ließen) ist schicksalhaft bestimmt durch die Gelehrsamkeit und die fast romantische Sehnsucht nach etwas Verlorenem, das höchstens noch einige italienische Meister bewahren mochten. Etwas von der Qual dieser Bewußtheit, die Maß und Zahl nicht einfach »besaß« sondern suchte, hat Dürer in seine »Melancholie« gelegt. Gleich wird dem geflügelten Genius der Zirkel in den Schoß sinken, herabgleiten zu den verworfenen oder wie schlafend herumstehenden Attributen des Zimmermanns, Steinmetzen und Baumeisters. Melancholie im edleren Sinne, wie die Humanisten sie damals verstanden, begriff nicht zuletzt gerade den Zustand solcher Geister in sich, die sich mit unserer uralten Frage abgeben. Zirkel, Waage, Sanduhr und Glocke, die wir am Turmsockel mit seiner siebenstufigen Leiter sehen, dienen der Messung von Raum, Gewicht und Zeit; Zahlenrätsel gibt uns das magische Quadrat über der Glocke auf.

Bis zur Romantik

Seit den Zeiten der Wiedergeburt, die ja auch Zeiten eines Absterbens gewesen waren, hat das Suchen nicht wieder aufgehört. Aber es wurde immer mehr zur Geschmacks- und Ansichtssache. Und als man endlich auch die direkte mittelalterliche Überlieferung wieder zu würdigen wußte, war die schöpferische Stunde der Baukunst schon vorbei. – Zweifellos haben diejenigen unrecht, die immer noch glauben, im eigentlichen Barock sei das bindende Maß bereits der künstlerischen Willkür erlegen. »Willkür« herrschte nur an der Oberfläche als bewußtes Kontrastmittel, um den harmonischen Zusammenklang erst im abschließenden Ganzen triumphieren zu lassen. Es entstanden gerade im 17. und 18. Jahrhundert viele Schriften über vollkommene Proportion, zunächst immer noch im Sinne des klassischen Altertums, wie man es damals verstand. Nicht alle dachten schon wie Perrault, der die Proportionen nur für etwas Verabredetes erklärte. Französische Barock-Klassizisten wie St. Hilarion, Blondel, Ouvrard und viele andere versuchten erneut, gewisse Verhältnisse infolge ihrer Übereinstimmung mit den musikalischen Intervallen als naturgegründet nachzuweisen. Andererseits scheint gerade auch im Barock im engeren Sinne manches von den alten Bauhüttengeheimnissen weitergelebt zu haben, praktisch, weniger theoretisch: in der Münchener Michaels-Kirche hat man die Proportionsverhältnisse des Triangels erkannt, bemerkenswerterweise aber auch im weltlichen nachmittelalterlichen Baubereich, so vor allem bei den Werken des Elias Holl in Augsburg. Als vollends die richtige Gotik, diesmal freilich schon »historisch« und kaum noch aus direkter Tradition, sich offen wieder erhob, als sie in der Gilly- und Schinkelzeit gleichberechtigt neben der Antike des Klassizismus auftrat, da schien auf den ersten Blick eine neue glückliche Konstellation gegeben. Die Romantik begann ausdrücklich nach solchen Zahl- und Maßnormen zu fragen, die von der Antike an das Mittelalter weitergereicht worden seien. Gerade in dem Augenblick also, da die Bauakademie über die Hütte, der Ingenieur über den Baumeister, der Historismus über die Tradition zu triumphieren begann, setzte das Suchen nach einem überhistorischen, Griechentum und Gotik versöhnenden Prinzip ein; selbst als später die impressionistische Moderne Begriffe wie »Zahl« als frostige Schulmeisterei verpönte, fühlten manche, daß die rein technische Zahlenmäßigkeit nicht durch Abwendung überwunden werden müsse, sondern durch Erhöhung von Zahl und Maß, durch ein neues innerlich belebendes Verstehen. Es handelte sich freilich mehr um Ahnungen und Spekulationen von Einzelgängern. Die Baumeister und Handwerker konnten praktisch solche Erkenntnisse nur wenig nutzen. Vielleicht werden aber jene Einzelgänger einmal als Vorläufer betrachtet werden – nicht nur für ein in Zukunft besser gesichertes Wissen, sondern womöglich auch für eine neue tätige Anwendung der wiedererstandenen Lehren. Freilich sollte man von Wiedereinführung einzelner Hilfsmittel, solange sie mehr nur mechanisch, zusätzlich und äußerlich angewandt werden können, nicht allzuviel erwarten. Was hinter den Schlüsseln steckte, wird uns noch lange verloren sein.

Hans Kayser, der unermüdlich für die philosophische Schlüsselstellung der »Tonzahl« kämpft, hat in seinen »Abhandlungen zur Ektypik harmonikaler Wertformen« (1938) eine hübsche Federzeichnung des Malers E. von Steinle abgebildet: vor einer Wand, die mit geometrischen Figuren und ägyptischen Reliefs bedeckt ist, zwei ältere Herren, die am runden Tisch eifrig über das Geheimnis von Maß und Zahl disputieren. Es sind zwei Juristen und »Laien«, wenn man will: August Reichensperger, der Förderer des Kölner Dombaus, und A. von Thimus, der Erforscher der »harmonikalen Symbolik des Altertums«. Eine bunte, merkwürdig zusammengesetzte Gesellschaft von Suchenden ist diesem charakteristischen Paare seither gefolgt: Schwärmer und Mystiker sind darunter (Titel wie »Urzahl und Gebärde«, »Urmaß und Schöpfung« oder »Le Nombre d'Or« künden von hochgreifenden Absichten), abenteuerliche Pyramidenmystiker, Steinmetzen-Symboliker aus geheimbündlerischen Kreisen, Verherrlicher des alleinseligmachenden Goldenen Schnittes. Mathematiker haben sich mit den alten Fragen abgegeben, Geistliche, auch Dichter, unter denen wir Paul Valéry oder Rudolf Pannwitz nennen. Voran stehen naturgemäß die Arbeiten der fachmännischen Architekten: von den älteren über A. Eichhorn (der die Zusammenhänge von harmonikalen Proportionen mit Raumakustik untersucht hat) und Thiersch (der vor allem den antiken »Analogien« in der Renaissancebaukunst nachgegangen ist) zu Theodor Fischer, der uns selber so harmonische Bauten geschenkt hat, und zu Ernst Moessel. Kennzeichnend, daß ihnen nur verhältnismäßig wenige zünftige Historiker gegenüberstehen und daß infolgedessen unser Thema noch immer nicht seinen gebührenden Platz unter den Forschungen über das »Nachleben der Antike« einnimmt. Eine kühne Jugendarbeit Dehios (»Ein Proportionsgesetz der antiken Kunst und sein Nachleben in Mittelalter und Renaissance« 1895) ist leider ohne Nachfolge geblieben. Die meisten Kunstwissenschaftler ignorieren oder verhalten sich ablehnend. Warum? Es gibt gewisse Widersprüche, die der Wissenschaft den Zugang erschweren. Ein Gegensatz zwischen denen, die mehr an Zahlenregeln dachten und solchen, die nach geometrischen Maßen forschten, besteht freilich kaum mehr; auch für die Antike möchte man heute, genau wie für das Mittelalter, ganzheitlich-geometrische Unterlagen voraussetzen, während es sich bei den Zahlen nur um daraus abgeleitete praktische Hilfen gehandelt haben kann. Anschließend an die Kunde von der in den Bauhütten der Gotik angewandten, im einzelnen keineswegs geklärten »Quadratur« und »Triangulatur« haben manche Architekturforscher zunächst verschiedene Dreiecke als Schlüsselfiguren vorgeschlagen, etwa das gleichseitige. Jeder hat mit dem seinen in der Gotik, zum Teil auch bis zu antiken Bauten zurück, verblüffende Übereinstimmungen nachgewiesen. Sie können aber doch – sollte man meinen – nicht *alle* passen? Zuletzt hat Moessel sämtliche derartige Schemata gleichsam auf einen höheren und gemeinsamen Nenner zu bringen versucht. Er ging vom Kreise aus, der sowohl im religiösen Magismus (Mandala-Meditation im Hinduismus und Buddhismus) wie auf dem Bauplatz eine Rolle spielt. Durch die verschiedenen regelmäßigen Kreisteilungen lassen sich eine Reihe von Vierecken und Vielecken einbeschreiben, ebene Projektionen der in der Kugel enthaltenen sogenannten platonischen Körper, in denen – mehr oder weniger genau – eine ganze Reihe eigentümlicher und »schöner« Maßverhältnisse auftreten (so zum Beispiel unter den Koordinaten des Zehnecks auch der berühmte Goldene Schnitt). Durch Einzeichnen der möglichen Verbindungslinien entstehen Sternfiguren – etwa im Sechseck das Hexagramm mit seinen beiden gleichseitigen Dreiecken. Solche Linearnetze werden dann vom Forscher prüfend über eine Unmenge klassischer und mittelalterlicher Bauten und Bildwerke gelegt, zum Nachweis, daß ihre Höhen- und Breitenverhältnisse, ihre Hauptwinkel, ihre inneren Gelenkpunkte und Ausmessungen nur auf Grund jenes Schlüssels so ausgeführt sein können. Zweifellos hat Moessel an manchen Stellen ohne ersichtlichen Zwang gezeigt, daß seine Sternfiguren passen; am überzeugendsten wohl dort, wo der gleiche Schlüssel nicht nur im Aufriß, sondern zugleich auch im Grundriß gilt – was eine wundervolle Einheit des Planes verbürgt. Es muß hier aber erwähnt werden, daß der Architekt Spitzenpfeil, seinerseits nicht ohne gewichtige Gründe, beansprucht, alle früheren Teilergebnisse einschließlich der Kreisteilungslehre Moessels mit seinem eigenen geometrisch-arithmetischen System zu umgreifen. Auch er geht von geometrischen Schlüsselfiguren als Maß aus; da diese jedoch an sich irrationale, praktisch so nicht brauchbare Zahlenwerte ergeben, kommt viel auf die Näherungswerte als ihren gültigen Ausdruck an. Mit Hilfe seiner Näherungstafel, insbesondere der Schlüsselzahl 123 (die man schon vorher vielfach in den Maßen alter Bauten beobachtet hatte, ohne den Grund zu erkennen), lassen sich nun die Verhältnisse des Fünf-, Sechs- und Achtecks, mit nur geringen Ungenauigkeiten, in ganzen Zahlen ausdrücken.

Freilich sind von dieser geheimnisvollen Zahl 123 in der dokumentarischen Überlieferung kaum Spuren nachzuweisen, die einen Historiker befriedigen könnten. Ebensowenig hat man echt mittelalterliche Baurisse finden können, in die jene geometrischen Schemata Moessels oder die verschiedenen Schlüsseldreiecke eingezeichnet wären. Sollten sie wirklich immer so sorgfältig wieder entfernt worden sein? Auch für die Achsenkreuze und regelmäßigen Feldteilungen, die man etwa bei Giotto als geheime Stützpunkte der Komposition nachzuweisen versucht hat, fehlen Vorlagen. Daß weiter das meiste, was von den Theoretikern der Renaissance aufgezeichnet worden ist, mit den genannten Angaben nur wenig zu tun hat, mag sich freilich aus dem gekennzeichneten Umbruch in jenem Zeitalter erklären. Trotzdem haben die Verteidiger von »ewigen« Maßen und Zahlen gegenüber der rein historisch-philologischen Kritik keinen leichten Stand. Ihrem Einwand, daß es eben geheimgehaltene, nur in den Bauhütten und Werkstätten weitergegebene Regeln seien, wird unter anderem entgegengehalten, es bleibe rätselhaft, wie solche Lehren von Volk zu Volk auch über große »Löcher« in der abendländischen Kulturentwicklung überliefert worden sein sollten. Demgegenüber könnte zwar gerade die nur tiefenpsychologisch erfaßbare »Magie« der Zahlen und Maße eine rituelle Geheimhaltung erklärlich machen.

Probleme über Probleme. Keineswegs behaupten wir aber, daß die Sache damit im ganzen negativ entschieden sei. Man hat von Wunschträumen gesprochen. Manche kommen nun einmal, mag die Wissenschaft auch leicht das Organ dafür einbüßen, aus tiefen Wahrheitsgründen des Menschengeistes. Ihnen muß in der äußeren Welt etwas Faktisches entsprechen.

Selbst ein letzter, vielleicht tiefster Einwand scheint nicht entscheidend: daß nämlich die noch nicht durch bewußtes Wissen gelenkte

Seele der alten Meister ganz naturnotwendig das Mathematisch-Harmonische hervorbringen mußte. Möglich, daß manches infolge einer mathematischen Uranlage der Seele unbewußt gewachsen ist, was nachträglich als bewußt erscheint. Auch könnte wohl die Beobachtung *einfacherer* Schemata zu Ergebnissen führen, die dann auch mit verwickelteren Schlüsselfiguren übereinstimmen. Wer jedoch das Material übersieht, kann sich Wesentliches von dem nun einmal Erwiesenen durch eine »prästabilierte Harmonie« allein nicht erklären. Manches (nicht alles) geht so überzeugend ins einzelne, daß die Meinung, dies alles müsse gleichsam von selbst so entstanden sein, noch abenteuerlicher erscheint als diejenige, man habe einen überlieferten »Grund« benützt. Noch Unerklärtes sollte aber keineswegs dahin führen, daß eine allzu grundsätzliche Kritik vergrabene Tatbestände, die deutlicher ans Licht zu kommen beginnen, sogleich wieder zuzuschütten sucht. Es käme vielmehr darauf an, noch tiefer und gründlicher zu graben.

Dieser Beitrag erschien erstmals 1940 in der Frankfurter Zeitung.

REGISTER

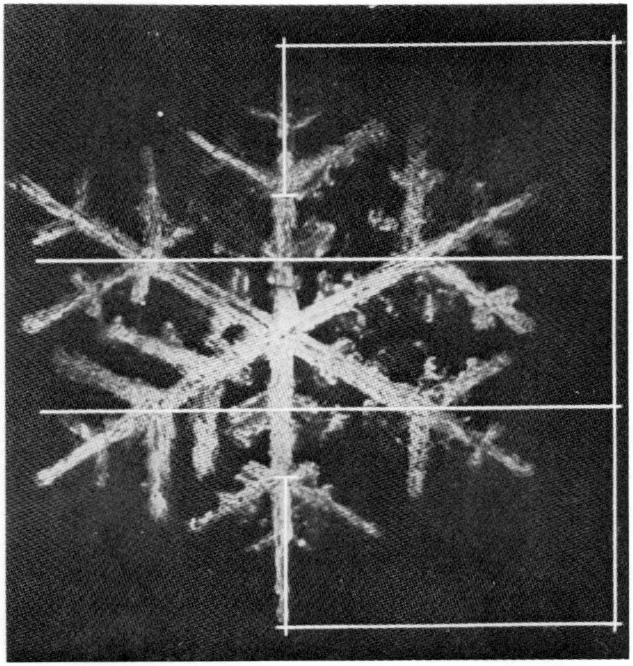

Schneekristall.
Scheinbar ungleiche Strecken stehen häufig im Verhältnis des Goldenen Schnittes

zimlich in allerley underschidē der bilder lind vñ hördt gebraucht werdē wo er wil/ Aber dz
leben in d' natur gibt zu erkennē die warheyt diser ding darum̃ sich sie fleysig an richt dich
darnach / vñ gee nit von der natur in dein gut geduncke̅ das du wöllest meynen das besser
von dir selbs zu finden dann du wirdest verfürt/ Dann warhafftig steckt die kunst inn der
natur/ wer sie herauß kan reyssenn der hat sie / uberkumbstu sie/ so wirdet sie dir vil fels ne-
men indeinem werck / und durch die Geometria magstu deins wercks vil beweyssen/ was
wir aber nit beweyssen künnen das musen wir bey gutter meynung und der menschen v-
teyl bleyben lassen/doch thut die erfarung vil in disen dingen / Aber ye genewer dein werck
dem leben gemeß ist in seiner gestalt ye besser dein werck erscheynt / und diß ist war/darum̃
nym dir nimer mer für das du etwas besser mügest oder welest machen / dañ es Got seiner
erschaffnen natur zu würcken krafft gebenn hat / dann dein vermügen ist krafftlaß gegen
Gottes geschöff / Darauß ist beschlossen das kein mensch auß eygnen sinnen nymermer

Dürers »Proportionslehre«,
Ausschnitt aus dem Erstdruck von 1528

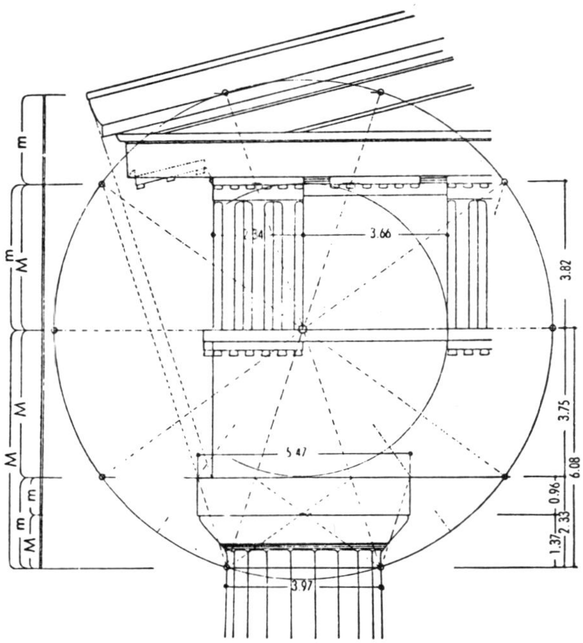

Kapitäl und Gebälk der Propyläen in Athen. Aus Moessel »Die Proportion in Antike und Mittelalter«[7]

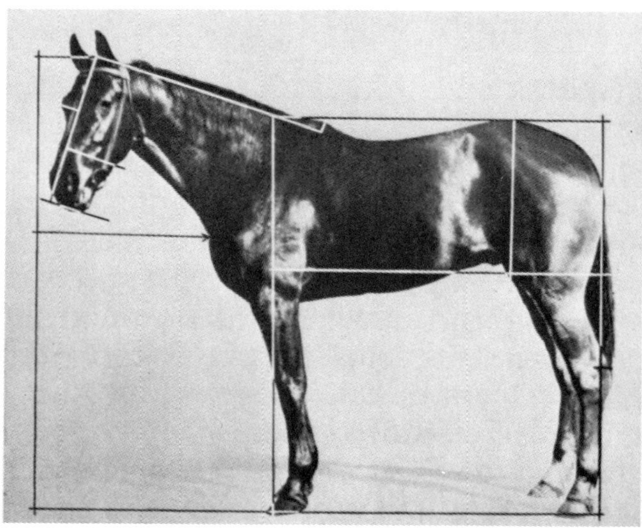

Auch beim edel gebauten Pferdekörper finden wir immer wieder den Goldenen Schnitt

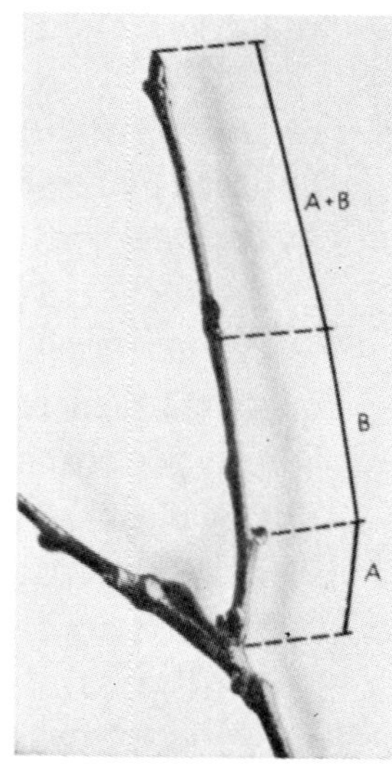

Pappelzweig. Die Strecken zwischen den einzelnen Knotenpunkten stehen im Goldenen Verhältnis

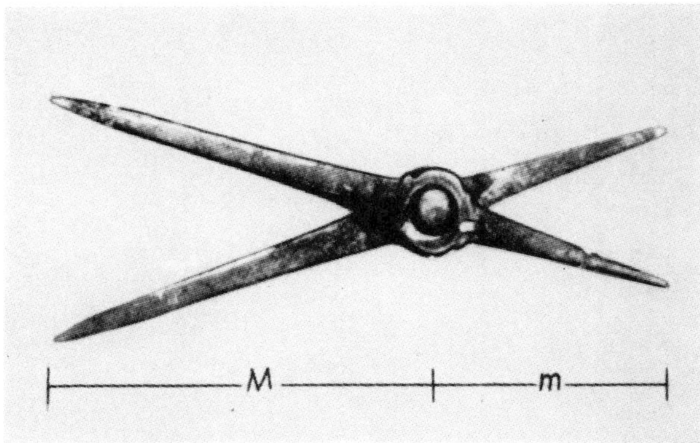

Reduktionszirkel im Antiquarium des Museums in Neapel

Parthenon in Athen. Aus Neufert »Bauordnungslehre«[11]

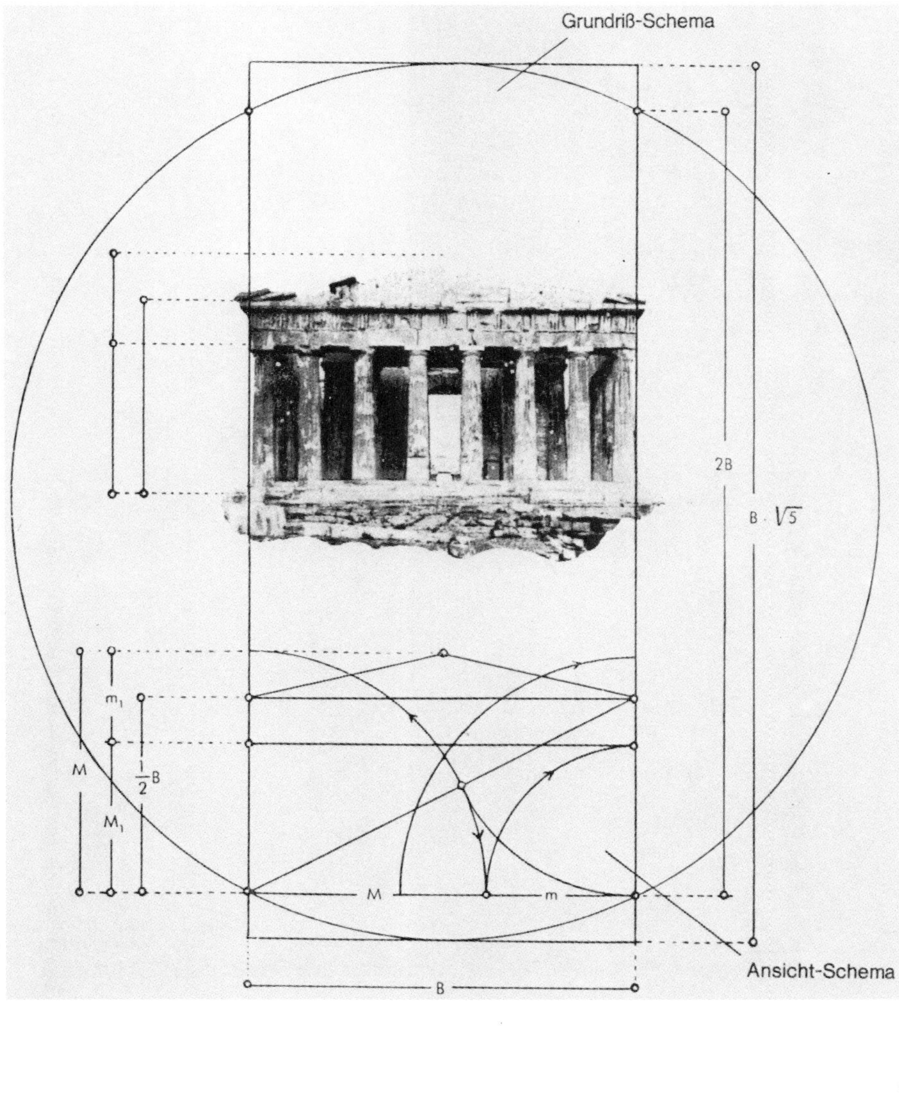

»Apollon von Belvedere« im Vatikan

»Dionysische Prozession«. Relief in der Villa Albani in Rom. Aus Moessel »Die Proportion in Antike und Mittelalter«[7]

Dom in Köln.
Aus Moessel
»Die Proportion
in Antike und
Mittelalter«[7]

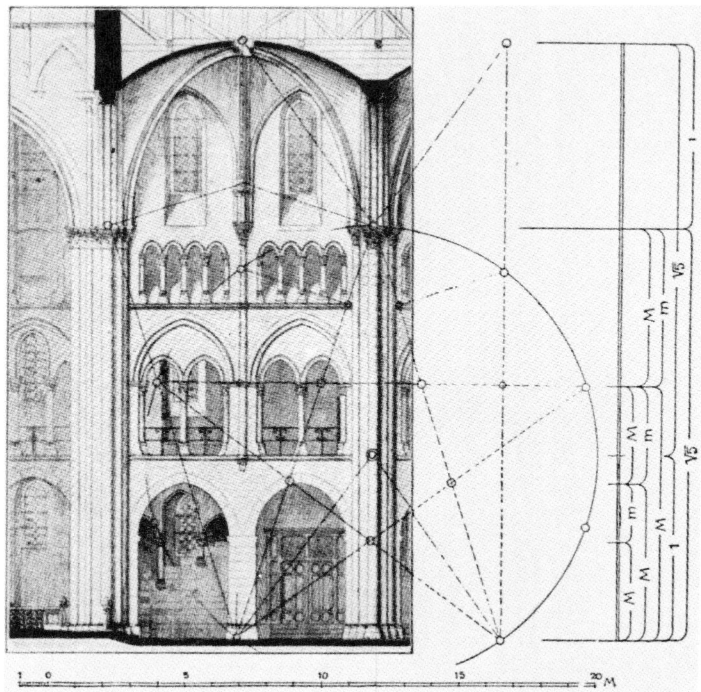

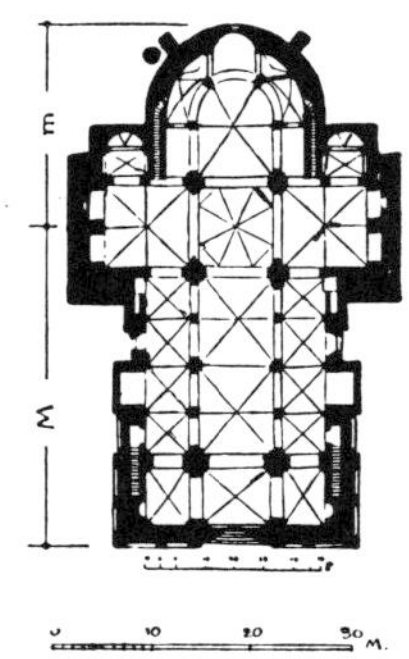

Dom in Limburg. Aus Moessel »Die Proportion in Antike und Mittelalter«

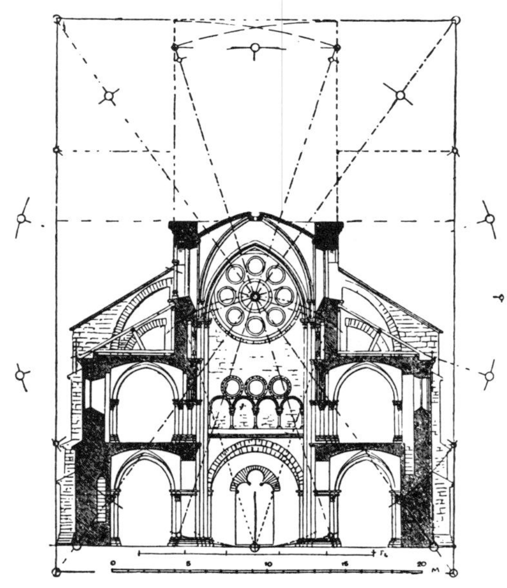

Proportionen und geometrische Verhältnisse waren in der Vergangenheit als gestaltendes Prinzip wirksam

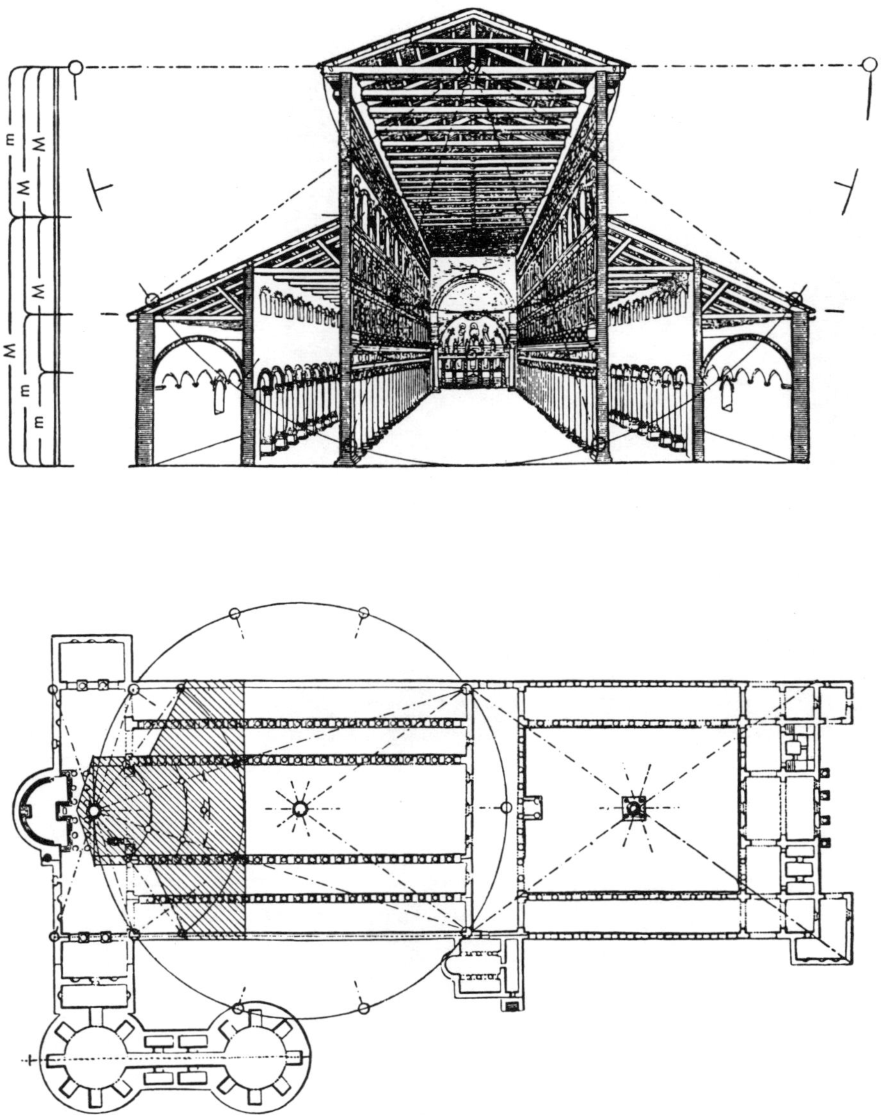

Alte Petersbasilika in Rom. Grundriß und Schnitt weisen klar die Maßverhältnisse des Goldenen Schnittes auf

Albrecht Dürer »Selbstbildnis«
Alte Pinakothek München

Leonardo da Vinci
»Das Abendmahl«
Kloster delle Grazie
Mailand

Tizian »Himmelfahrt der Maria«
Akademie Venedig

Raffael »Die Sixtinische Madonna«
Staatliche Gemäldegalerie Dresden

Raffael »Die Galatea«
Fresko in der Villa Farnesina in Rom

Albrecht Dürer »Die Jungfrau mit den musizierenden Engeln«
Federzeichnung aus dem Jahre 1485
Aus Moessel »Vom Geheimnis der Form und der Urform des Seins«[9]

Le Corbusier »Unité d'Habitation« in Marseille
Aufnahme: Lucien Hervé, Neuilly-s/Seine